新时代新理念职业教育教材

电工仪表与测量

主　编　陶　健　武凤斌　张巧玲
副主编　卢　娅　董晶晶

北京交通大学出版社
·北京·

内 容 简 介

本书根据职业教育学生的特点，介绍常用电工仪表的结构、原理、性能和使用方法，语言简明扼要，突出实际应用，使学生熟练掌握常用电工测量仪表的操作技能，具有正确使用仪表完成基本测量任务的能力。

本书以常用电工仪表为主，共设计9个项目：项目1介绍电工仪表与测量的基本知识，包括常用测量仪器的基本组成和工作原理，以及测量误差的消除办法，为电工仪表的使用奠定基础；后面8个项目分别介绍电流与电压的测量，以及万用表、兆欧表、接地电阻测量仪、功率表、电能表、电桥、示波器的结构、原理与使用。

本书可作为职业教育类院校电工专业教材，也可作为相关部门的技术工人岗位培训教材及自学用书。

图书在版编目（CIP）数据

电工仪表与测量/陶健，武凤斌主编．—北京：北京交通大学出版社，2016.8（2024.1修订）
ISBN 978－7－5121－3038－8

Ⅰ．①电…　Ⅱ．①陶…　②武…　Ⅲ．①电工仪表-职业教育-教材②电气测量-职业教育-教材　Ⅳ．①TM93

中国版本图书馆CIP数据核字（2016）第215342号

电工仪表与测量
DIANGONG YIBIAO YU CELIANG

策划编辑：陈跃琴　刘建明
责任编辑：陈跃琴
出版发行：北京交通大学出版社　　电话：010－51686414　　http://www.bjtup.com.cn
地　　址：北京市海淀区高梁桥斜街44号　　邮编：100044
印 刷 者：北京鑫海金澳胶印有限公司
经　　销：全国新华书店
开　　本：185 mm×260 mm　　印张：7.75　　字数：191千字
版 印 次：2024年1月第1版第1次修订　　2024年1月第6次印刷
定　　价：19.80元

本书如有质量问题，请向北京交通大学出版社质监组反映。对您的意见和批评，我们表示欢迎和感谢。
投诉电话：010－51686043，51686008；传真：010－62225406；E-mail：press@bjtu.edu.cn。

前　言

本书根据教育部关于职业院校教学的有关规定编写而成，具有体现职业教育特色、培养应用型人才的特点。编写前，我们广泛听取用人单位的意见，合理选择编写内容，并适当反映新设备、新技术、新工艺。

本书采用项目化教学模式编写，使理论讲解与技能培养结合得更加合理，更符合学生的认知规律，突出职业教育特色，遵循“知识面广、够用为度、重在应用技能”的人才培养理念，将原来的理论课调整为专业理论与技能训练有机结合的教学模式。在内容组织上，力求深入浅出、通俗易懂，教学内容以文字、数据、图片、表格相结合的方式展示给学生，避免长篇理论讲解，做到边讲解、边展示、边实训。本书在编写过程中，尽可能地充实新知识、新技术、新工艺，力求增强技术知识的领先性和实用性。

本书建议用 64 课时，学时分配方案可参考表 1。

表 1　学时分配方案

序号	项目 1	项目 2	项目 3	项目 4	项目 5	项目 6	项目 7	项目 8	项目 9
理论课时	5	3	6	4	4	3	3	2	2
实践课时	5	3	6	4	4	3	3	2	2

本书由陶健、武凤斌任主编，卢娅、董晶晶任副主编。由于编者水平有限，书中难免出现错误、不足，诚请读者批评指正。

编者

2016 年 7 月

目　录

项目 1 电工仪表与测量的基本知识

学习目标

（1）掌握磁电系、电磁系、电动系、感应系测量机构及其工作原理。

（2）了解电工指示仪表的绝对误差、相对误差、引用误差和准确度。

（3）理解仪表测量误差的分类及消除方法。

（4）掌握电工指示仪表的组成。

1.1 电工仪表

电工仪表按工作原理分为磁电系、电磁系、电动系、感应系等仪表。

1.1.1 磁电系测量机构

1. 结构

磁电系测量机构主要由固定的磁路系统和可动的线圈两部分组成，其结构如图 1–1（a）所示。该测量机构的固定部分由永久磁铁、极掌及圆柱铁芯组成，它们共同构成磁电系测量机构的磁路系统，目的是在极掌和铁芯之间的气隙中产生均匀的磁场；可动部分由绕在铝框上的线圈、与转轴相连的指针及游丝等组成。

2. 工作原理

磁电系测量机构的工作原理如图 1–1（b）所示。当线圈中流过直流电流时，线圈在永久磁铁的磁场中受力，并带动指针、转轴，克服游丝的反作用力而偏转。当电磁作用力与反作用力平衡时，指针停留在某一确定位置，刻度盘上给出相应的读数。

3. 磁电系仪表的特点及应用

机械调零机构用于校正零位误差，在没有测量信号时仪表指针调到指向零位。磁电系仪表的灵敏度和精确度较高，刻度盘分度均匀。磁电系仪表必须加上整流器才能用于交流测量，而且过载能力较小。磁电系仪表多用来制作便携式电压表、电流表等表计。

1.1.2 电磁系测量机构

电磁系测量机构主要由固定线圈和可动软磁铁片（简称可动铁片）组成。根据其结构形式不同，可分为吸引型和排斥型。

1. 吸引型测量机构

1）结构

吸引型测量机构的结构如图 1–2（a）所示。固定线圈和装在转轴上的可动铁片产生转动力矩。转轴上还装有指针、阻尼片、游丝和平衡锤。磁屏蔽是为了防止永久磁铁的磁场对

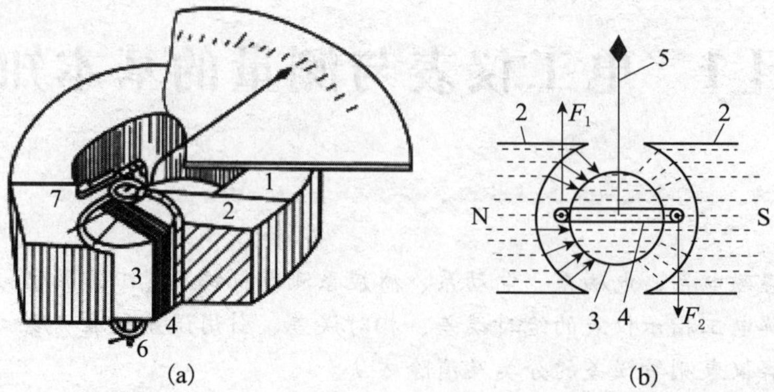

图 1–1 磁电系测量机构的结构和工作原理

1—永久磁铁；2—极掌；3—圆柱铁芯；4—线圈；5—指针；6—游丝；7—机械调零机构

线圈磁场产生影响。

2）工作原理

吸引型测量机构的工作原理如图 1–2（b）所示。当固定线圈流过电流时，线圈产生的磁场将可动铁片磁化，并对其产生吸引力，使固定在同一转轴上的指针随之发生偏转，同时游丝产生反作用力矩。当游丝产生的反作用力矩与转动力矩平衡时，指针停留在某一确定位置，刻度盘上给出一相应的读数。

显然，无论通过线圈的电流为直流还是交流，线圈产生的磁场极性与可动铁片被磁化的极性均同时改变，相互之间的作用力为吸引力。

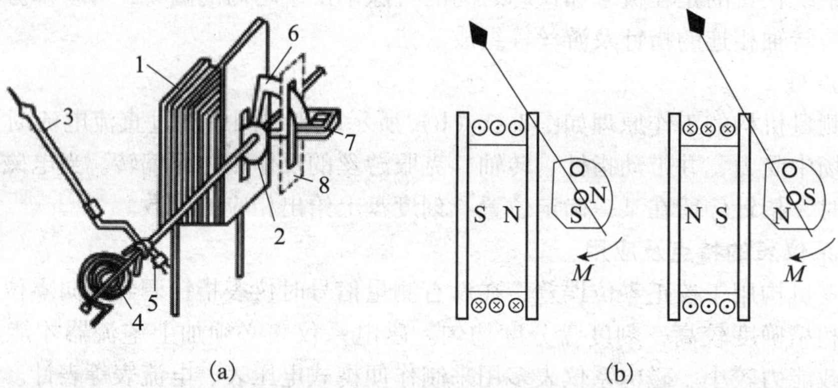

图 1–2 吸引型测量机构的结构和工作原理

1—固定线圈；2—可动铁片；3—指针；4—游丝；5—平衡锤；6—阻尼片；7—永久磁铁；8—磁屏蔽

2. 排斥型测量机构

1）结构

排斥型测量机构的结构如图 1–3（a）所示。其固定部分由固定线圈及固定在线圈内侧壁上的固定铁片组成。可动部分由固定在转轴上的可动铁片及空气阻尼器等组成。

2）工作原理

排斥型测量机构的工作原理如图 1–3（b）所示。当固定线圈流过电流时，线圈产生的磁场将可动铁片和固定铁片同时磁化，且两铁片的同一侧为相同的极性。同极性的排斥力使可动铁片转动，带动指针偏转。当游丝产生的反作用力矩与转动力矩平衡时，指针停留在某一确定位置，指示出被测量的大小。无论流过线圈的电流是直流还是交流，两铁片间均为排斥力。

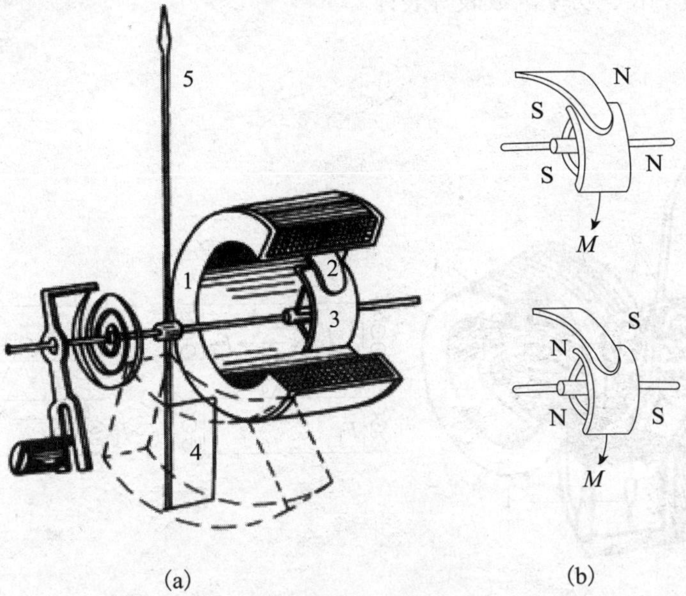

图 1–3　排斥型测量机构的结构和工作原理

1—固定线圈；2—固定铁片；3—可动铁片；4—空气阻尼器；5—指针

综上所述，电磁系测量机构的工作原理：利用通电流的固定线圈产生磁场，使铁芯磁化。然后利用线圈与铁芯（吸引型）或铁芯与铁芯（排斥型）的相互作用产生转动力矩，带动指针偏转。

3. 电磁系仪表的特点及应用

电磁系仪表过载能力强，可直接用于直流和交流测量。电磁系仪表的精度较低，刻度盘分度不均匀，容易受外磁场干扰，因此结构上应有抗干扰设计。电磁系仪表常用来制作配电柜用电压表、电流表等表计。

1.1.3　电动系测量机构

1. 结构

电动系测量机构的结构如图 1–4（a）所示，由固定线圈、可动线圈及转轴、游丝、指针、空气阻尼器、阻尼盒等组成。固定线圈一般分为两部分，目的有二：一是获得均匀的磁场，二是便于改换电流量程。

2. 工作原理

电动系测量机构的工作原理如图 1–4（b）所示。当在固定线圈中通入电流 I_1 时，将产

生磁场 B_1，同时在可动线圈中通入电流 I_2，可动线圈中的电流就受到固定线圈磁场的作用力，产生转动力矩，从而推动可动线圈发生偏转，直到与游丝产生的反作用力矩相平衡，使指针停在某一位置，指示出被测量的大小。

3. 电动系仪表的特点及应用

电动系仪表可直接用于交、直流测量，精度较高。电动系仪表制作电压表或电流表时，刻度盘分度不均匀（制作功率表时，刻度盘分度均匀），结构上也应有抗干扰设计。电动系仪表常用来制作功率表、功率因数表等表计。

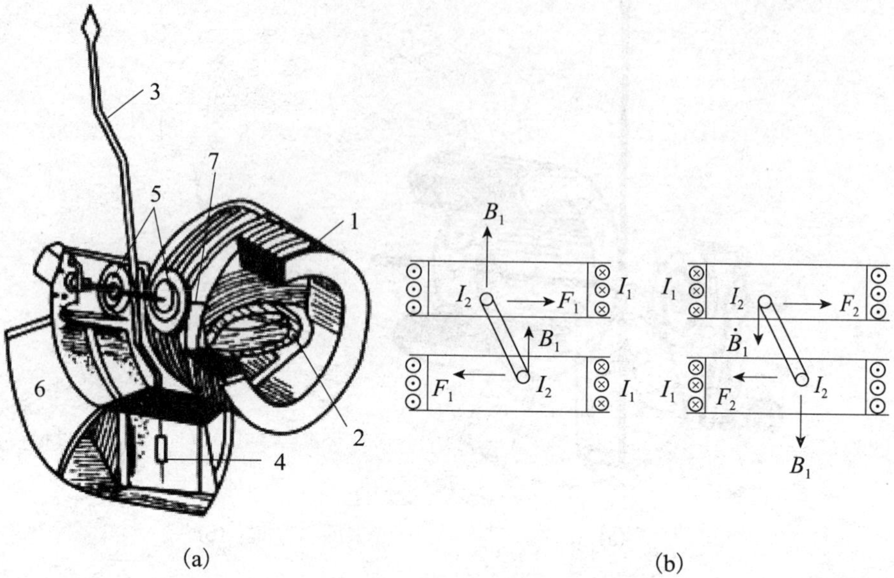

图 1–4 电动系测量机构的结构和工作原理

1—固定线圈；2—可动线圈；3—指针；4—空气阻尼器；5—游丝；6—阻尼盒；7—转轴

1.1.4 感应系测量机构

1. 结构

感应系测量机构的结构如图 1–5（a）所示。由电压元件、电流元件、永久磁铁、铝盘及转轴、计数器等组成。电压元件和电流元件用来产生转动力矩；永久磁铁用来在铝盘转动时产生制动力矩，使铝盘的转速与被测功率成正比；计数器用来计算铝盘的转数，实现累计电能的目的，计数器的结构如图 1–5（b）所示。

2. 工作原理

感应系测量机构的工作原理：当电磁铁线圈中流过电流时，铝盘里产生涡流，涡流与磁场相互作用使铝盘受力转动，计数器计数，实现累计功能。铝盘转动时切割永久磁铁的磁场产生反作用力矩。感应式仪表用于计量交流电能。

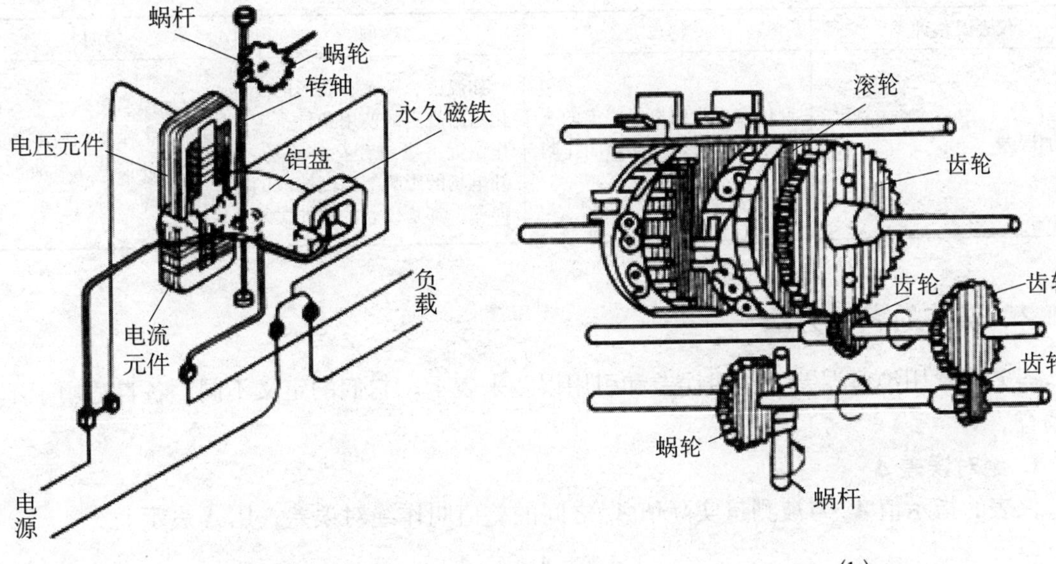

图 1–5　感应系测量机构的结构和计数器的结构

1.2　电工指示仪表的误差和准确度

实际中，无论使用哪种计量工具，测量时都有一定的偏差。如在商场购物，称量结果与实际质量均有或多或少的差距。同样，在电工测量中，无论哪种电工指示仪表，也不论其质量多好，它的测量结果和被测量的实际值之间总会存在一定的差值，这个差值叫作误差。准确度用于指示仪表的测量结果与实际值的接近程度。仪表的准确度越高，误差越小。误差值的大小可以用来反映仪表本身的准确度，在仪表的技术参数中，仪表的准确度被用来表示仪表的基本误差。那么，实际中，电工仪表的误差是如何产生的呢？它是否能够消除呢？误差的表示方法有哪些？它们各适合于哪些场合呢？

1.2.1　仪表的误差及分类

按产生误差的原因不同，仪表的误差主要分为两类，如表 1–1 所示。

表 1–1　仪表误差的分类

仪表误差种类	特点	举例	说明
基本误差	在正常工作条件下，由于仪表本身的结构、制作工艺等方面的不完善而产生的误差叫作基本误差	如仪表活动部分的摩擦、标度尺刻度不准、零件装配不当等原因造成的误差，都是基本误差	基本误差是仪表本身所固有的误差，一般无法消除

续表

仪表误差种类	特点	举例	说明
附加误差	仪表因为偏离了规定的工作条件而产生的误差叫作附加误差	如温度、频率、波形的变化超出规定的使用条件，工作位置不当或存在外磁场、外电场的影响等原因造成的误差，都是仪表的附加误差	附加误差实际上是一种因外界工作条件改变而造成的额外误差，一般可以消除

1.2.2 误差的表示方法

误差通常用绝对误差、相对误差和引用误差来表示。它们的定义不同，各自适用于不同的场合。

1. 绝对误差 Δ

仪表的指示值 A_x 与被测量实际值 A_o 之间的差值叫作绝对误差，用 Δ 表示。

$$\Delta = A_x - A_o \tag{1-1}$$

在计算 Δ 值时，通常可用精度很高的标准表的指示值近似代替被测量的实际值。

[例 1-1] 用一只标准电压表来校验甲、乙两只电压表，当标准表的指示值为 220 V 时，甲、乙两表的读数分别为 220.5 V 和 219 V，求甲、乙两表的绝对误差。

解：代入绝对误差的定义式（1-1）得：

甲表的绝对误差 $\Delta_1 = A_{x1} - A_o = 220.5 - 220 = +0.5$（V）

乙表的绝对误差 $\Delta_2 = A_{x2} - A_o = 219 - 220 = -1$（V）

计算结果表明，绝对误差有正负之分。正误差说明仪表指示值比实际值大，负误差说明仪表指示值比实际值小。另外，甲表的指示值偏离实际值较小，只有 0.5 V；而乙表的指示值偏离实际值较大，有 1 V。显然，甲表的指示值比乙表更准确。

2. 相对误差 γ

绝对误差 Δ 与被测量实际值 A_o 比值的百分数叫作相对误差，用 γ 表示，即：

$$\gamma = \frac{\Delta}{A_o} \times 100\% \tag{1-2}$$

[例 1-2] 已知甲表测量 200 V 电压时 $\Delta_1 = +2$ V，乙表测量 10 V 电压时 $\Delta_2 = +1$ V，试比较两表的相对误差。

解：甲表相对误差为：

$$\gamma_1 = \frac{\Delta_1}{A_{o1}} \times 100\% = \frac{+2}{200} \times 100\% = +1\%$$

乙表相对误差为：

$$\gamma_2 = \frac{\Delta_2}{A_{o2}} \times 100\% = \frac{+1}{10} \times 100\% = +10\%$$

由上述结果可以看出，甲表的绝对误差 Δ_1 是乙表绝对误差 Δ_2 的 2 倍，但从绝对误差对测量结果的影响来看，因为甲表的绝对误差只占被测量的 1%，而乙表的绝对误差却占被测量的 10%，甲表的相对误差小，乙表的相对误差大。显然，在测量不同大小的被测量时，不能简单地用绝对误差 Δ 来判断测量结果的准确程度。

在实际测量中，相对误差不仅常用来判断测量结果的准确程度，而且便于在测量不同大小的被测量时，对其测量结果的准确程度进行比较。

3. 引用误差γ_m

工程中，一般采用引用误差来反映仪表的准确程度。

绝对误差 Δ 与仪表量程（最大读数）A_m 比值的百分数，叫作引用误差 γ_m，即

$$\gamma_m = \frac{\Delta}{A_m} \times 100\% \tag{1-3}$$

由式（1-3）可以看出，引用误差实际上就是仪表在最大读数时的相对误差，即满刻度时的相对误差。因为绝对误差 Δ 基本不变，仪表量程 A_m 也不变，故引用误差 γ_m 可以用来表示一只仪表的准确程度。

1.2.3　仪表的准确度

电工指示仪表在测量值不同时，绝对误差会多少有些变化，因而造成的引用误差也随之发生变化。所以，国家标准规定以最大引用误差来表示仪表的准确度。

仪表的最大绝对误差 Δ_m 与仪表量程 A_m 比值的百分数，叫作仪表的准确度（$K\%$），即：

$$K\% = \frac{\Delta_m}{A_m} \times 100\% \tag{1-4}$$

式中，K 表示仪表的准确度等级，它的百分数表示仪表在规定条件下的最大引用误差。显然，最大引用误差越小，仪表的基本误差越小，准确度越高。根据国家标准规定，我国生产的电工仪表的准确度共分为7级，各等级的仪表在正常工作条件下使用时，其基本误差不得超过表1-2中的规定。

表1-2　仪表的基本误差上限

准确度等级	0.1	0.2	0.5	1.0	1.5	2.5	5.0
基本误差/%	±0.1	±0.2	±0.5	±1.0	±1.5	±2.5	±5.0

［例1-3］　用准确度等级为5.0级、量程为500 V的电压表，分别测量50 V和500 V的电压。求其相对误差各为多少。

解： 先求出该表的最大绝对误差：

$$\Delta_m = \frac{\pm K \times A_m}{100} = \frac{\pm 5.0 \times 500}{100} = \pm 25\ (\text{V})$$

测量50 V电压时产生的相对误差为：

$$\gamma_1 = \frac{\Delta_1}{A_{o1}} \times 100\% = \frac{\pm 25}{50} \times 100\% = \pm 50\%$$

测量500 V电压时产生的相对误差为：

$$\gamma_2 = \frac{\Delta_2}{A_{o2}} \times 100\% = \frac{\pm 25}{500} \times 100\% = \pm 5\%$$

由以上计算结果可以看出，在一般情况下，测量结果的准确度（最大相对误差）并不

等于仪表的准确度，只有当被测量正好等于仪表量程时，两者才会相等。在例 1-3 中，当被测量远小于仪表量程时，测量结果的相对误差高达 50%。因此，绝不能把仪表的准确度与测量结果的准确度混为一谈。

实际测量时，为保证测量结果的准确性，不仅要考虑仪表的准确度，还要选择合适的量程，通常测量时要使仪表指针处在满刻度的后三分之一段。

1.3 测量误差及消除

无论是由于电工仪表本身的误差和所用测量方法不完善引起的误差，还是其他因素（如外界环境变化、操作者观测经验不足等）引起的误差，最终都会在测量结果上反映出来，即造成测量结果与被测量实际值存在差异，这种差异称为测量误差。可见，测量误差是由多种原因共同造成的。

根据产生测量误差的原因不同，测量误差可分为系统误差、偶然误差和疏失误差三大类，测量误差的分类、产生原因及消除方法见表 1-3。

表 1-3 测量误差的分类、产生原因及消除方法

分类	产生原因	消除方法
系统误差：指在相同条件下多次测量同一量时，误差的大小和符号均保持不变，而在条件改变时遵从一定规律变化的误差	测量仪表的误差：包括测量仪表本身不完善而造成的基本误差，以及由于仪表工作条件改变而造成的附加误差	重新配置合适的仪表或对测量仪表进行校正，尽量满足仪表要求的工作条件
	测量方法的误差：由于所用的测量方法不完善而引起的误差，例如利用间接法时采用了近似公式	采用合适的测量方法
	仪表受外磁场的影响	采用正负误差补偿法：对同一量进行两次测量，测量结果中的系统误差一次为正，一次为负，取其结果的平均值
	仪表本身不完善和外界因素影响造成的误差	采用替代法：用已知量去替代被测量，并使仪表的工作状态保持不变
		在已知仪表校正曲线的情况下引入校正值：将相应的校正值引入到测量结果中
偶然误差：是一种大小和符号都不固定的误差	主要由外界环境的偶发性变化引起，如外电场、磁场的突变，温度、湿度的突变，电源电压、频率的突变等	实际中，单次测量结果的偶然误差没有规律性，但多次测量中的偶然误差是服从统计学规律的
疏失误差：是一种严重歪曲测量结果的误差	主要由于操作者的粗心和疏忽造成的，例如测量读数错误、记录错误、算错数据等	对含有疏失误差的测量结果，只能抛弃不用，应加强操作者的工作责任心及规范

1.4 电工指示仪表

电工指示仪表种类繁多，按照其工作原理可分为磁电系仪表、电磁系仪表、电动系仪表和感应系仪表四大类。虽然它们的工作原理各不相同，但是它们的任务却是相同的，都是要把被测的电量或电参数转换为仪表可动部分的机械偏转角，然后用指针偏转角的大小来反映被测量的数值。因此，它们在结构上就存在着相同的组成部分。下面主要介绍所有电工指示仪表所共有的组成部分，以便为今后学习各种不同的电工指示仪表打下牢固的基础。

1.4.1　电工指示仪表的组成

为了实现被测电量到仪表可动部分机械偏转角的转换，电工指示仪表都是由测量机构和测量线路两大部分组成的，如图 1–6 所示。

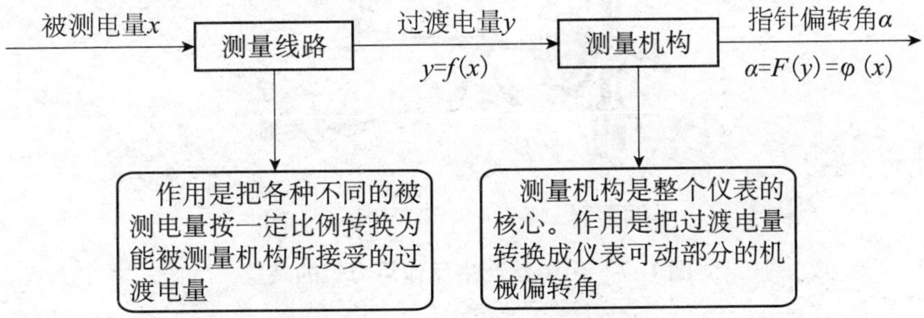

图 1–6　电工指示仪表的组成

测量线路通常由电阻、电容、电感、二极管等电子元件组成。应注意，不同的仪表，其测量线路是不相同的，如电流表中采用分流电阻、电压表中采用分压电阻等。

为使仪表指针的偏转角能够正确反映被测量的数值，要求偏转角一定要与被测电量保持一定的函数关系。

1.4.2　测量机构的主要装置

各种类型电工指示仪表的测量机构，尽管在结构及工作原理上各不相同，但是它们都是由固定部分和可动部分组成的，而且都能在被测量的作用下产生转动力矩，驱动可动部分偏转，从而带动指针指示出被测量的大小。

电工指示仪表的测量机构必须包括以下 5 个主要装置。

1. 转动力矩装置

要使电工指示仪表的指针偏转，测量机构必须有产生转动力矩的装置。产生转动力矩的装置都由固定部分和可动部分组成。由于产生转动力矩的结构原理不同，就构成不同系列的指示仪表。例如，磁电系仪表的转动力矩是利用通电线圈在磁场中受到电磁力的作用而产生的。转动力矩的大小与被测量及指针偏转角符合某种函数关系。

2. 反作用力矩装置

如果测量机构中只有转动力矩，则不论被测量有多大，可动部分都将在其作用下偏转到尽头。为此，要求在可动部分偏转时，测量机构中能够产生随偏转角增大而增大的反作用力矩，使得当转动力矩与反作用力矩相等时，可动部分达到平衡，从而稳定在一定的偏转角上。

反作用力矩一般由游丝产生。其方向总是与转动力矩的方向相反，大小在游丝的弹性范围内，与指针偏转角成正比。图 1–7 所示为用游丝产生反作用力矩的装置。当可动部分带动指针偏转时，游丝被扭紧，产生的反作用力矩随之增大，方向与转动力矩的方向相反。在游丝的弹性范围内，反作用力矩与指针偏转角呈线性关系。

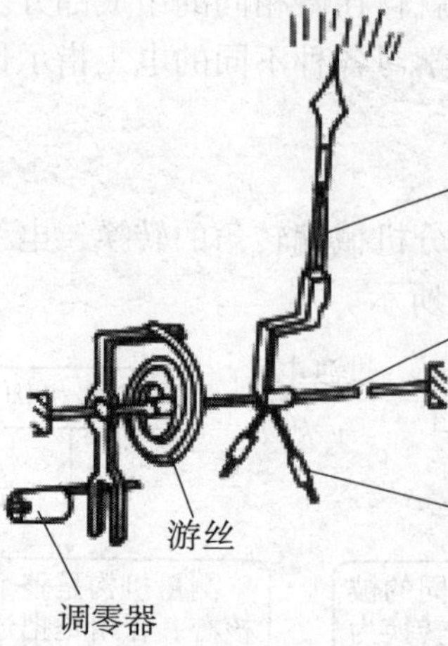

图 1-7 用游丝产生反作用力矩的装置

3. 阻尼力矩装置

由于电工指示仪表的可动部分都具有一定的惯性，因此，当转动力矩等于反作用力矩时，可动部分（指针）不可能马上停下来，而要在平衡位置附近来回摆动，因而不能快速地读取测量结果。为了缩短可动部分摆动的时间以利于尽快读数，仪表中还必须有产生阻尼力矩的装置。电工指示仪表中常用的阻尼力矩装置有空气阻尼器和磁感应阻尼器两种，如图 1-8、图 1-9 所示。

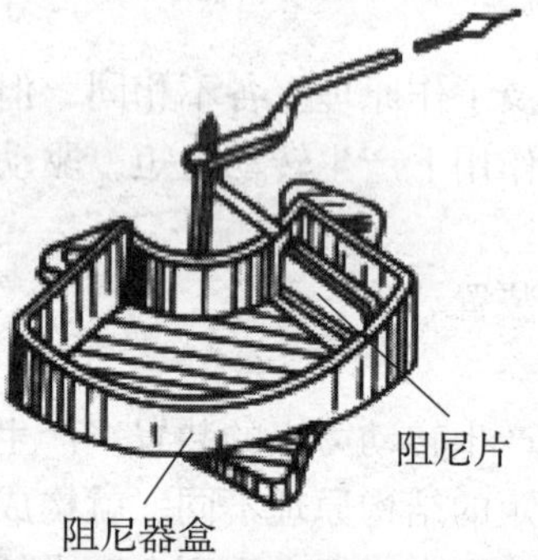

图 1-8 空气阻尼器

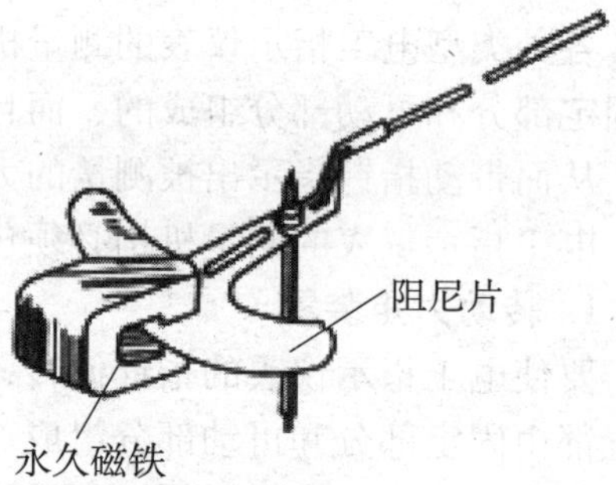

图 1-9 磁感应阻尼器

由以上讨论不难看出，阻尼力矩只在仪表可动部分运动时才能产生。阻尼力矩的大小与运动速度成正比，方向与可动部分的运动方向相反。当可动部分在平衡位置静止时，阻尼力矩为零。因此，可动部分的稳定偏转角只由转动力矩和反作用力矩的平衡关系所决定，而与阻尼力矩无关。

4. 读数装置

读数装置由指示器和刻度盘组成。

指示器分指针式和光标式两种。指针又分矛形和刀形，如图 1-10（a）、图 1-10（b）所示。指针通常采用铝合金等材料制成，轻而坚固。大中型安装式仪表多采用矛形指针，以便远距离读数。小型安装式仪表及便携式仪表多采用刀形指针，以利于精确读数。

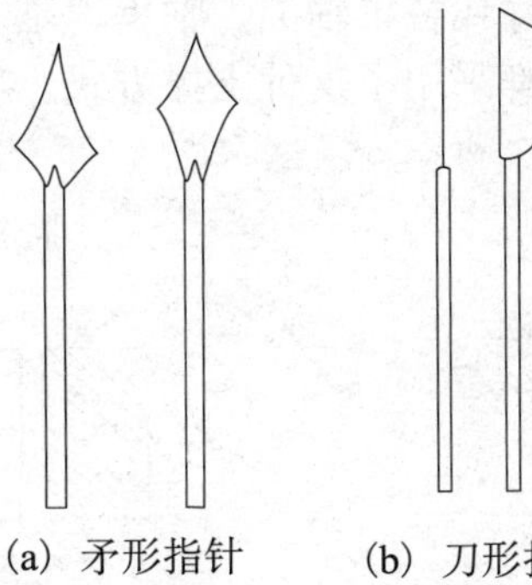

图 1-10　指针式指示器

光标式指示器如图 1-11 所示，由灯泡射出的光线经过聚光装置照射到固定在可动部分转轴上的反射镜上，经反射投影在标度尺上，就能通过光标指示出被测量的数值。光标式指示器可以完全消除视觉误差，一般用于一些高灵敏度和高准确度的仪表。

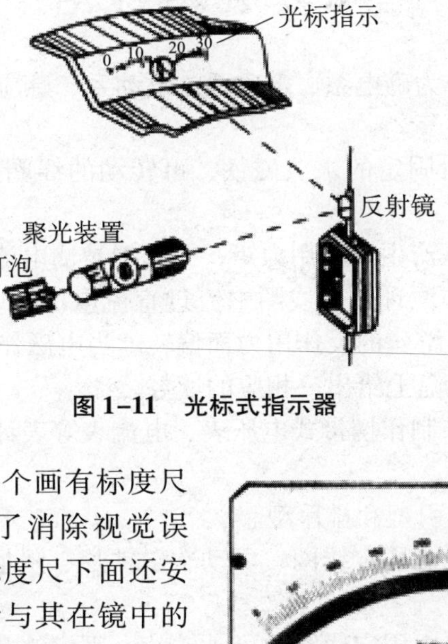

图 1-11　光标式指示器

刻度盘俗称表盘，它是一个画有标度尺和仪表标志符号的平面。为了消除视觉误差，有些便携式精密仪表在标度尺下面还安装有一块反射镜，当看到指针与其在镜中的影像重合时才能读数，如图 1-12 所示。

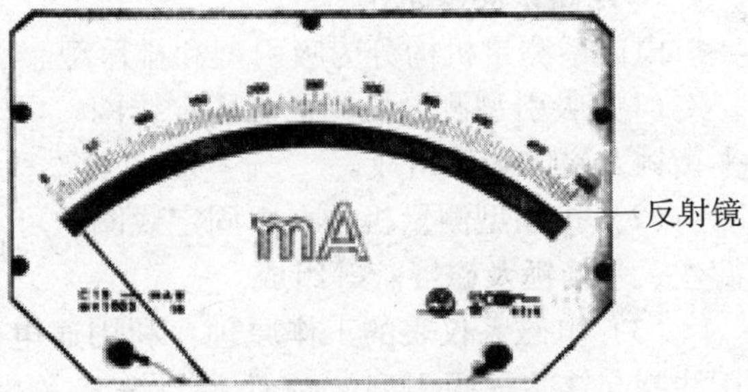

图 1-12　安装反射镜的表盘

5. 支撑装置

在测量机构中，可动部分要随被测量大小而偏转，就必须有支撑装置，常见的支撑方式有以下两种。

①轴尖轴承支撑方式示意图如图 1-13 所示，仪表可动部分（如线圈）装在转轴上，转轴两端是轴尖，轴尖支撑在轴承内。这种

支撑方式的优点是坚固耐用，缺点是由于轴承与轴尖之间的摩擦，仪表的灵敏度会受到一定的影响。

②张丝弹片支撑方式示意图如图 1-14 所示，其中的弹片对张丝起减振及保护作用。在这种支撑方式中，由于用张丝、弹片代替了轴尖、轴承，基本上消除了摩擦引起的误差，因而灵敏度很高。目前，许多检测计都采用了这种支撑方式。

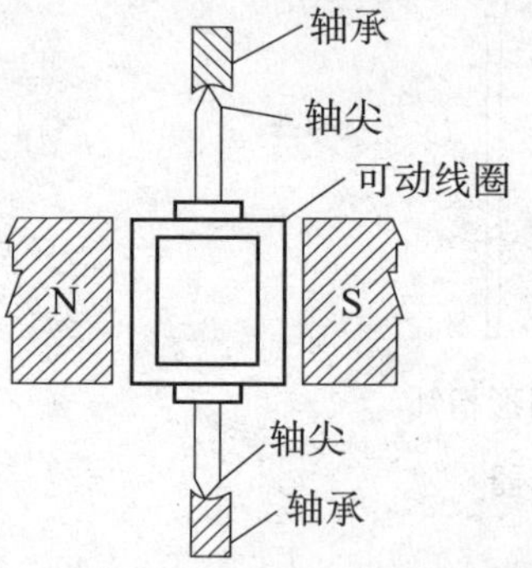

图 1-13　轴尖轴承支撑方式示意图

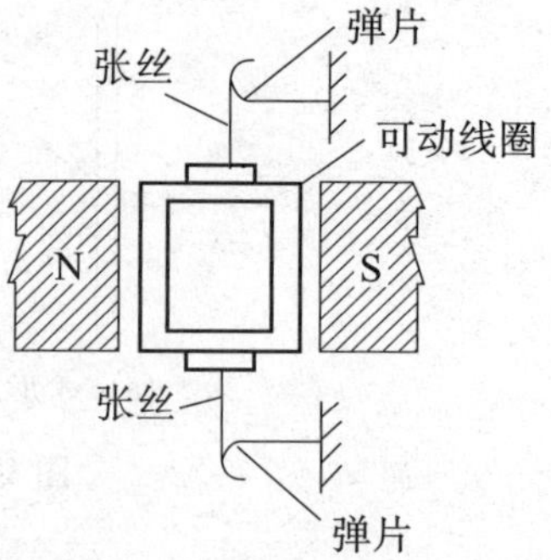

图 1-14　张丝弹片支撑方式示意图

1.5　知识点总结

电工仪表按工作原理分为磁电系、电磁系、电动系、感应系等仪表。

1. 磁电系测量机构

（1）磁电系测量机构由固定的永久磁铁、可转动的线圈及转轴、游丝、指针、机械调零机构等组成。

（2）游丝的作用：一是产生反作用力矩，二是把被测电流导入和导出可动线圈。

（3）磁电系仪表的工作原理：当线圈中流过直流电流时，线圈在永久磁铁的磁场中受力，并带动指针、转轴克服游丝的反作用力而偏转。当电磁作用力与反作用力平衡时，指针停留在某一确定位置，刻度盘上给出一相应的读数。

（4）磁电系仪表多用来制作携带式电压表、电流表等表计。

2. 电磁系测量机构

电磁系测量机构分为吸引型和排斥型。

（1）吸引型测量机构：由固定线圈、可动软磁铁片、阻尼片、永久磁铁、指针、游丝、平衡锤及磁屏蔽等组成。

（2）排斥型测量机构：由固定线圈、可动铁片、固定铁片、阻尼片、永久磁铁、指针、游丝、平衡锤及磁屏蔽等组成。

（3）电磁系仪表的工作原理：利用通电流的固定线圈产生磁场，使铁芯磁化。然后利用线圈与铁芯（吸引型）或铁芯与铁芯（排斥型）的相互作用产生转动力矩，带动指针偏转。

（4）电磁系仪表常用来制作配电柜用电压表、电流表等表计。

3. 电动系测量机构

（1）电动系测量机构由固定线圈、可动线圈及转轴、游丝、指针、机械调零机构等组成。

（2）电动系仪表的工作原理：当两个线圈中都流过电流时产生电动力作用，可转动线圈受力，并带动指针偏转。

（3）电动式仪表常用来制作功率表、功率因数表等表计。

4. 感应系测量机构

（1）感应系测量机构由电压元件、电流元件、永久磁铁、铝盘及转轴、计数器等组成。电压元件和电流元件用来产生转动力矩；永久磁铁用来在铝盘转动时产生制动力矩，使铝盘的转速与被测功率成正比；计数器用来计算铝盘的转数，实现累计电能的目的。

（2）感应系仪表的工作原理：当电磁铁线圈中流过电流时，铝盘里产生涡流，涡流与磁场相互作用使铝盘受力转动，计数器计数。铝盘转动时切割永久磁铁的磁场产生反作用力矩。

（3）感应式仪表用于计量交流电能。

5. 误差

（1）测量结果和被测量的实际值之间总会存在一定的差值，这个差值就是误差。

（2）准确度用于指示仪表的测量结果与实际值的接近程度。仪表的准确度越高，误差越小。

（3）误差的表示方法：

①绝对误差Δ：仪表的指示值A_x与被测量实际值A_o之间的差值叫作绝对误差，用Δ表示，即：

$$\Delta = A_x - A_o$$

②相对误差γ：绝对误差Δ与被测量实际值A_o比值的百分数叫作相对误差，用γ表示，即：

$$\gamma = \frac{\Delta}{A_o} \times 100\%$$

③引用误差γ_m：绝对误差Δ与仪表量程（最大读数）A_m比值的百分数，叫作引用误差，用γ_m表示，即：

$$\gamma_m = \frac{\Delta}{A_m} \times 100\%$$

工程中，一般采用引用误差来反映仪表的准确程度。

6. 仪表的准确度

仪表的最大绝对误差Δ_m与仪表量程A_m比值的百分数为仪表的准确度，即：

$$K\% = \frac{\Delta_m}{A_m} \times 100\%$$

7. 测量误差的分类

测量误差可分为系统误差、偶然误差和疏失误差三大类。

8. 电工指示仪表的测量机构

电工指示仪表的测量机构包括以下五部分。

（1）转动力矩装置：产生转动力矩的装置都由固定部分和可动部分组成。

（2）反作用力矩装置：反作用力矩一般由游丝产生，其方向总是与转动力矩的方向相反，大小在游丝的弹性范围内，与指针偏转角成正比。

（3）阻尼力矩装置：为了使指针尽快停留在某一数值位置上。常用的阻尼力矩装置有空气阻尼器和磁感应阻尼器两种。

（4）读数装置：读数装置由指示器和刻度盘组成。指示器分指针式和光标式两种。

（5）支撑装置：测量机构中的可动部分要随被测量大小而偏转就必须有支撑装置，支撑装置有轴尖轴承支撑和张丝弹片支撑两种。

1.6 实训与练习

1.6.1 实训：认识磁电系、电磁系、电动系、感应系仪表

1. 目的

（1）了解磁电系、电磁系、电动系、感应系测量机构的组成及各部分的作用。

（2）掌握磁电系、电磁系、电动系、感应系测量机构的工作原理。

（3）培养学生对电工仪表与测量的兴趣。

2. 材料设备

（1）磁电系电压表（电流表）一块，电磁系吸引型和排斥型电压表（电流表）一块，电动系功率表一块，感应系电能表一块；

（2）螺丝刀两把（“+”字和“-”字 各一把）；

（3）带电插座一处。

3. 内容及步骤

（1）认识磁电系、电磁系、电动系、感应系仪表的表头。

（2）回忆磁电系、电磁系、电动系、感应系测量机构组成及工作原理。

（3）用螺丝刀将四块仪表拆开，结合仪表的构造，练习前面学习的理论知识。

（4）用电磁系电压表测量日常用电的电压值。

（5）将仪表的表笔插到带电插座处，观察仪表指针的偏转。

4. 结论分析

对以上操作进行分析，并写总结报告。

1.6.2 练习题

1. 填空题

（1）磁电系测量机构主要由固定的________和可动的________两部分组成。

（2）电磁系测量机构主要由________和________组成，根据其结构形式的不同，可分为________和________型两种。

（3）电磁系测量机构的工作原理：利用通电流的________产生磁场，使________磁化。然后利用________与________（吸引型）或________与________（排斥型）的相互作用产生转动力矩，带动指针偏转。

（4）电动系测量机构的结构由________、________及转轴、游丝、指针、机械调零机构等组成。固定线圈一般分为________部分，目的是________和________。

（5）电动系仪表的特点是可直接用于＿＿＿＿＿测量，精度较高。电动系仪表制作电压表或电流表时，刻度盘分度＿＿＿＿＿，制作功率表时，刻度盘分度＿＿＿＿＿。

（6）感应系测量机构由＿＿＿＿＿、＿＿＿＿＿、＿＿＿＿＿、＿＿＿＿＿、＿＿＿＿＿等组成。

（7）误差通常用＿＿＿＿＿、＿＿＿＿＿和＿＿＿＿＿来表示。

（8）电工指示仪表主要由＿＿＿＿＿和＿＿＿＿＿两部分组成，整个仪表的核心是＿＿＿＿。

（9）电工指示仪表的测量机构主要由＿＿＿＿＿装置、＿＿＿＿＿装置、＿＿＿＿＿装置、＿＿＿＿＿装置和＿＿＿＿＿装置组成。

（10）电工指示仪表中常见的阻尼力矩装置有＿＿＿＿＿阻尼器和＿＿＿＿＿阻尼器两种。

2. 判断题

（ ）（1）工程中，一般采用相对误差来反映仪表的准确程度。

（ ）（2）电工指示仪表中的反作用力矩装置一般采用游丝和张丝构成。

（ ）（3）光标指示器可以完全消除视觉误差，适用于高灵敏度和高准确度的仪表中。

（ ）（4）造成系统误差的原因主要是操作者粗心大意。

（ ）（5）测量误差就是仪表误差。

3. 选择题

（1）仪表的标度尺刻度不准造成的误差是（ ）。

A. 基本误差　　B. 附加误差

C. 相对误差　　D. 引用误差

（2）在测量不同大小的被测量时，可以用（ ）来表示测量结果的准确度。

A. 基本误差　　B. 附加误差

C. 绝对误差　　D. 相对误差

（3）仪表受外磁场影响造成的误差属于（ ）。

A. 基本误差　　B. 附加误差

C. 相对误差　　D. 引用误差

（4）对由于外磁场引起的系统误差，可以采用（ ）的方法加以消除。

A. 对测量仪表进行校正　　B. 正负误差补偿法

C. 替代法　　D. 增加重复测量的次数

项目 2　电流与电压的测量

学习目标

（1）理解磁电系直流电流表和电压表测量机构的结构及工作原理。

（2）了解直流电流表和电压表的组成。

（3）理解分流电阻和分压电阻的计算方法。

（4）掌握交流电流表和电压表配合互感器的使用。

（5）掌握钳形电流表的使用。

（6）了解检流计。

2.1　直流电流表与电压表

测量直流电流和电压的专用仪表就是直流电流表和直流电压表，而直流电流表和直流电压表的核心都是磁电系测量机构（俗称“磁电系表头”）。对于磁电系测量机构的结构和工作原理，我们在前面已经详细介绍，只要在磁电系测量机构的基础上配上不同的测量线路，就能组成各种不同用途的直流电流表和直流电压表。

2.1.1　直流电流表

目前使用的直流电流表和直流电压表，绝大部分都是采用磁电系测量机构配合适当的测量线路组成的。

1. 直流电流表的组成

在磁电系测量机构中，游丝不仅产生反作用力矩，而且将被测电流导入和导出可动线圈。由于可动线圈的导线和游丝都很细，所以允许通过的电流很小，约几微安到几百微安。要测量较大的电流，必须接入分流电阻。因此，磁电系电流表实际上是由磁电系测量机构与分流电阻并联组成的，如图 2-1 所示。

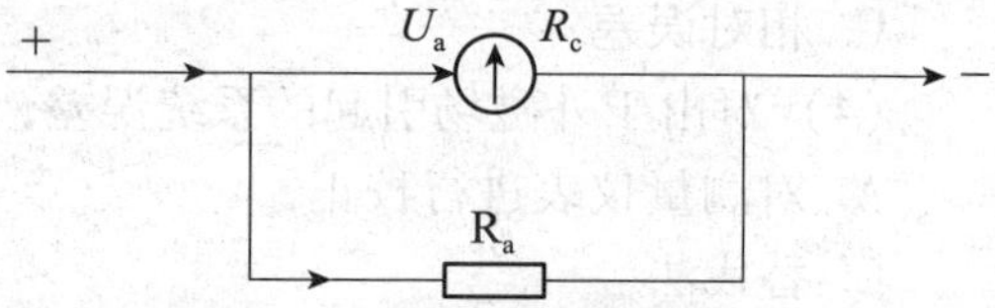

图 2-1　直流电流表的组成

2. 分流电阻的计算

设磁电系测量机构的内阻为 R_c，满刻度电流为 I_c，被测电流为 I_x，则分流电阻 R_a 的大小可以按下述步骤进行计算。

第一步，先计算电流量程扩大倍数：$n = \dfrac{I_x}{I_c}$。

第二步，计算分流电阻：

$$R_a = \frac{1}{n-1} R_c \tag{2-1}$$

式（2-1）说明，要使电流量程扩大 n 倍，所并联的分流电阻 R_a 的大小应为测量机构内阻的 $\frac{1}{n-1}$。可见，对于同一测量机构，只要配上不同的分流电阻，就能制成不同量程的直流电流表。

［例2-1］　现有一只内阻为200 Ω、满刻度电流为500 μA的磁电系测量机构，由于生产需要，要将其改制成量程为1 A的直流电流表，应并联多大的分流电阻？

解：先求电流量程扩大倍数：

$$n = \frac{I_x}{I_c} = \frac{1}{500 \times 10^{-6}} = 2\ 000$$

应并联上分流电阻的阻值为：

$$R_a = \frac{R_c}{n-1} = \frac{200}{2\ 000 - 1} = 0.1\ (\Omega)$$

答：若要将其改制成量程为1 A的直流电流表，应并联一只0.1 Ω的分流电阻。

2.1.2　直流电压表

1. 直流电压表的组成

根据欧姆定律可知，一只内阻为 R_c、满刻度电流为 I_c 的磁电系测量机构，本身就是一只量程为 $U_c = I_c R_c$ 的直流电压表，只是其电压量程太小而无实际实用价值。如果需要测量更高的电压，就必须扩大其电压的量程。根据串联电阻具有分压作用的原理，扩大电压量程的方法就是串联一只分压电阻 R_v，如图2-2所示。磁电系直流电压表是磁电系测量机构与分压电阻串联组成的。

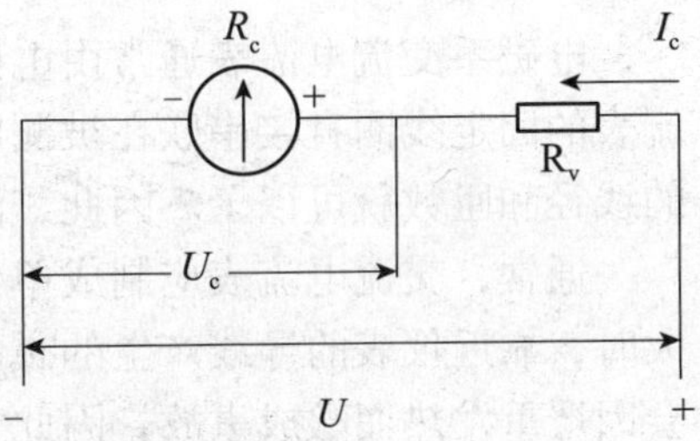

图2-2　直流电压表的组成

2. 分压电阻的计算

设磁电系测量机构的额定电压为 $U_c = I_c R_c$，串联适当分压电阻后，可使电压量程扩大为 U。此时，通过测量机构的电流仍为 I_c，且 I_c 与被测电压 U 成正比。分压电阻 R_v 的大小可以按下述步骤进行计算。

第一步，先计算磁电系测量机构的额定电压：$U_c = I_c R_c$。

第二步，计算电压量程扩大倍数：$m = \frac{U}{U_c}$。

第三步，计算所需串联的分压电阻：

$$R_v = (m-1) R_c \tag{2-2}$$

式（2-2）说明，要使电压表量程扩大 m 倍，需要串联的分压电阻的大小是测量机构内阻 R_c 的 $(m-1)$ 倍。

［例2-2］　现有一只内阻为500 Ω、满刻度电流为100 μA的磁电系测量机构，根据实际需要，要将其改制成50 V量程的直流电压表，应串联多大的分压电阻？

解：先求出测量机构的额定电压：

$$U_c = I_c R_c = 100 \times 10^{-6} \times 500 = 0.05\ (\mathrm{V})$$

再求出电压量程扩大倍数：

$$m = \frac{U}{U_c} = \frac{50}{0.05} = 1\ 000$$

应串联的分压电阻的阻值为：

$$R_v = (m - 1)R_c = (1\ 000 - 1) \times 500 = 499\ 500\ (\Omega)$$

答：若要将其改制成量程为 50 V 的直流电压表，应串联一只 499 500 Ω 的分压电阻。

2.2 交流电流表与电压表

前面我们介绍了测量直流电流和直流电压的磁电系仪表。但在实际生活中，由于交流电的生产较直流电容易，电压改变也很方便，因此交流电的适用范围更广泛。这使得在电能的产生、传输和使用过程中，使用的几乎都是交流仪表。应该指出，目前交流电流表和交流电压表大部分采用电磁系测量机构，也有采用整流系测量机构的，只有在极少数的场合，如要求测量精确度很高的实验室，才会采用电动系测量机构。

2.2.1 交流电流表

电磁系交流电流表通常由电磁系测量机构组成，在前面做过详细的介绍。由于电磁系电流表的固定线圈直接串联在被测电路中，所以，要制造不同量程的电流表时，只要改变线圈的线径和匝数就可以了。因此，测量线路十分简单。

通常，交流电流表应制成单量程且最大量程不得超过 200 A 的电流表。这是因为电流太大时，靠近仪表的导线产生的磁场会引起仪表较大的误差，且仪表端钮若与导线接触不良，会因严重发热而酿成事故。因此，在测量较大的交流电流时，仪表必须与电流互感器配合使用，如图 2-3 所示。

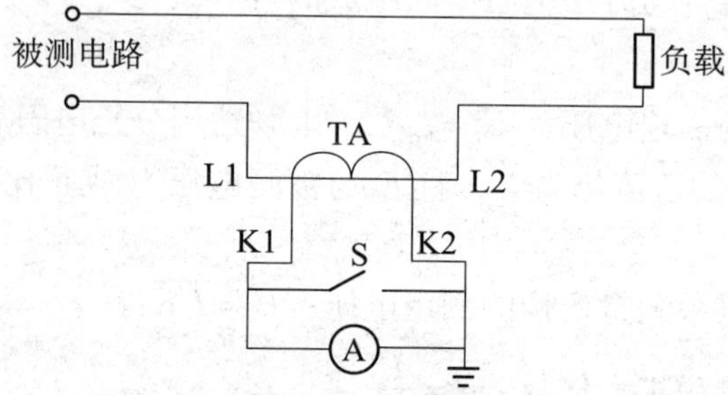

图 2-3 交流电流表通过电流互感器接入

2.2.2 交流电压表

电磁系交流电压表由电磁系测量机构与分压电阻串联组成。作为电压表，一般要求通过固定线圈的电流很小，但为了获得足够的转矩，又必须要有一定的励磁磁动势，所以其固定线圈的匝数一般较多，并用较细的漆包线绕制。

交流电压表一般做成单量程的，但最大量程不超过 600 V。要测量更高的交流电压时，仪表必须与电压互感器配合使用，如图 2-4 所示。

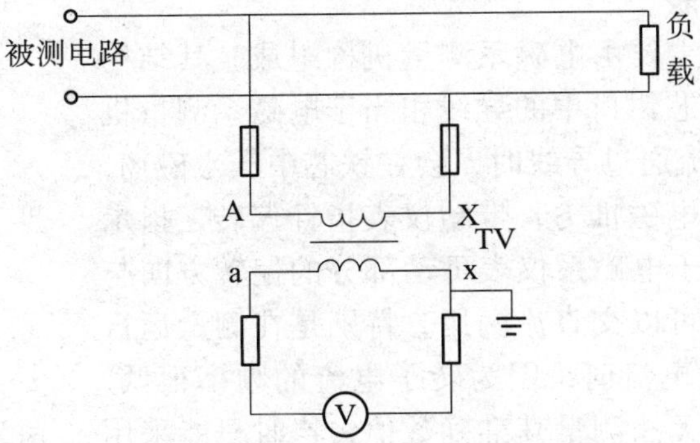

图 2-4 交流电压表通过电压互感器接入

2.3 钳形电流表

钳形电流表是维修电工常用的一种电流表，可在不切断电路的情况下进行电流测量，使用方便。

2.3.1 钳形电流表的构造及原理

钳形电流表按照用途分为专门测量交流电流的互感器式钳形电流表和可以交、直流两用的电磁系钳形电流表两种。数字式钳形电流表在实际中也被广泛应用。

1. 互感器式钳形电流表

互感器式钳形电流表由电流互感器和整流系电流表组成，如图 2-5 所示。电流互感器的铁芯呈口形，使用时，将量程开关转到合适位置，握紧钳形电流表的把手，其铁芯张开（如图 2-5 中虚线所示），将被测导线从铁芯缺口引入铁芯中央，松开把手后铁芯自动闭合，通有被测电流的导线相当于电流互感器的一次侧，于是在二次侧就会产生感应电流，并送入整流系电流表进行测量，在表上可直接读数。

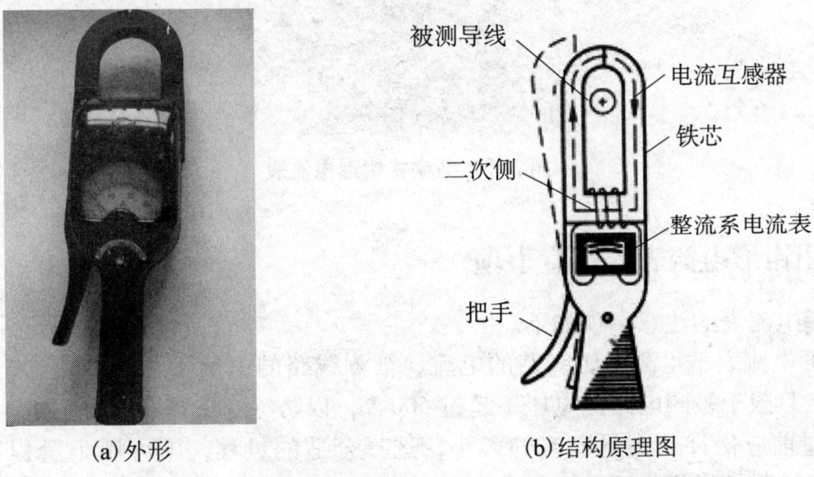

(a) 外形　　(b) 结构原理图

图 2-5 互感器式钳形电流表的外形和结构原理图

2. 电磁系钳形电流表

电磁系钳形电流表主要由电磁系测量机构组成，其结构如图 2–6 所示。处在铁芯钳口中的导线相当于电磁系测量机构中的线圈。当被测电流通过导线时，会在铁芯中产生磁场，使可动铁片磁化，产生电磁推力，带动仪表指针偏转，指示出被测电流的大小。由于电磁系仪表可动部分的偏转方向与电流方向无关，因此它可以交直流两用。特别是在测量运行的绕线式电动机的转子电流时，因为转子电流的频率很低，用互感器式钳形电流表无法测量其准确数值，这时只能采用电磁系钳形电流表。

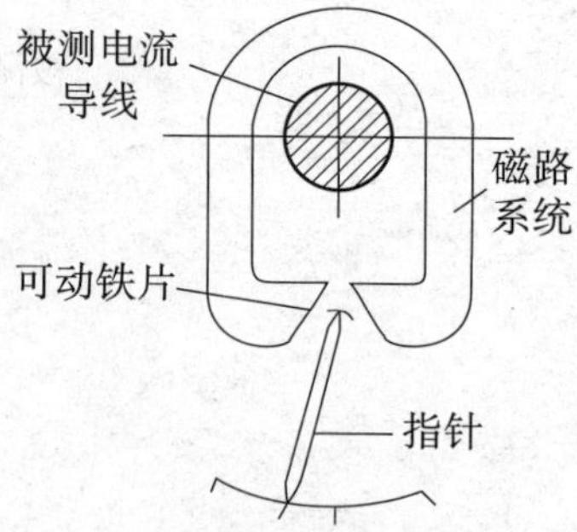

图 2–6 电磁系钳形电流表结构示意图

3. 数字式钳形电流表

数字式钳形电流表是将电流互感器与数字式万用表结合的产物，不但可以用来测量较大电流、交直流电压、电阻，还可以用于通断检查等，有时还可以用来测量频率、温度等，具有体积小、质量轻、显示直观等优点。数字式钳形电流表如图 2–7 所示。

图 2–7 数字式钳形电流表

2.3.2 使用钳形电流表的注意事项

使用钳形电流表的注意事项如下。

（1）钳形电流表不得测高压线路的电流，被测线路的电压不得超过钳形电流表所规定的额定电压，只限于被测电路的电压不超过 600 V，以防绝缘击穿和人身触电。

（2）测量前应估计被测量电流的大小，选择合适的量程，不可用小量程挡测大电流。在测量过程中不得切换量程档，以免产生高压伤人和损坏设备。钳形电流表是利用电流互感器的原理制成的，电流互感器不准二次侧开路。

（3）每次测量只能钳入一根导线，测量时应将被测导线钳入钳口中央位置（见图2-8），以提高测量的准确度，测量结束应将量程开关扳到最大量程位置，以便下次安全使用。

（4）测量时应注意钳口加紧，防止钳口不紧造成读数不准。如钳口有污垢，应先用煤油擦干净后再进行测量，如图2-9所示。

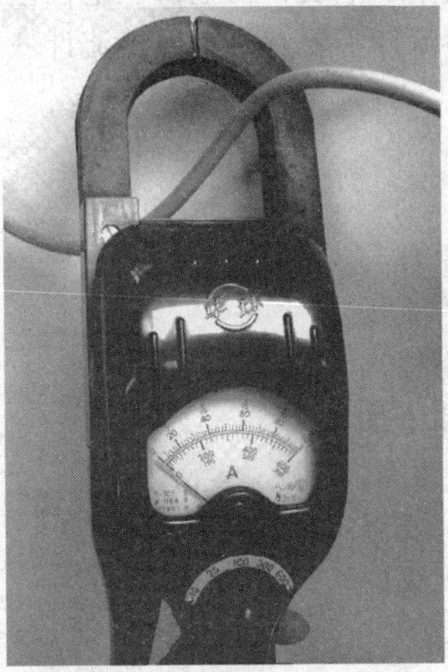

图2-8　导线置于钳口中央

图2-9　擦净钳口污垢

（5）测量时应注意相对带电部分的安全距离，以避免发生触电事故。

（6）测量5 A以下小电流时，为得到准确的读数，可将被测导线多绕几圈穿入钳口（见图2-10）进行测量，实际电流数值为钳形电流表读数除以放进钳口内的导线根数。

（7）钳形电流表测量结束后把开关拨至最大量程挡（见图2-11），以免下次使用时不慎过流；并应保存在干燥的室内。

（8）每年检验一次，不合格不得使用。

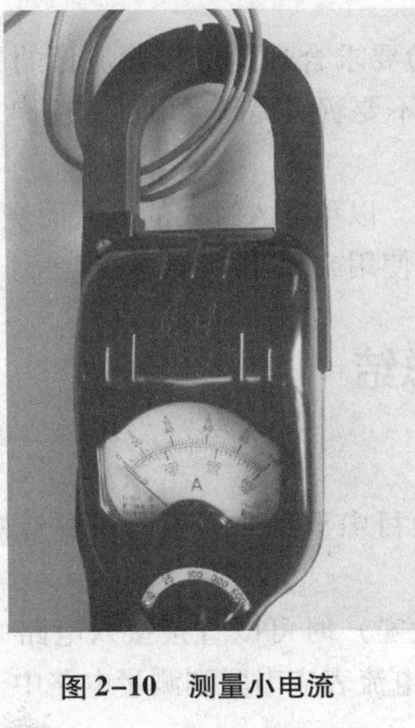

图2-10　测量小电流

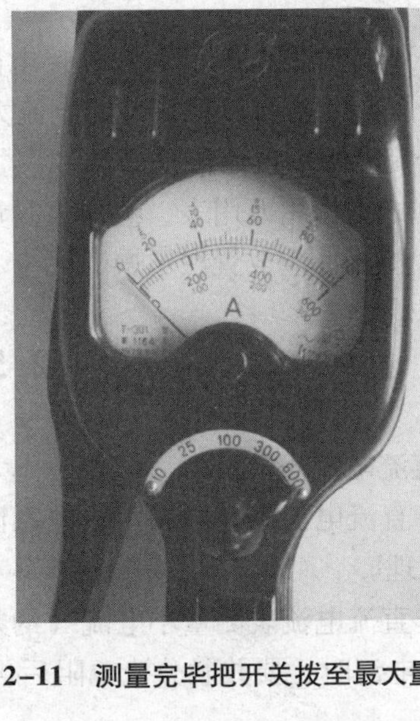

图2-11　测量完毕把开关拨至最大量程挡

2.4 检流计

检流计是用于检测微弱电量的高灵敏度的机械式指示电表，在电桥、电位差计中作为指零仪表，也可用于检测微弱电流、电压及电荷等。检流计主要有磁电系检流计、光电放大式检流计、冲击检流计、振动检流计和振子等。

2.4.1 磁电系检流计

磁电系检流计的结构如图 2-12 所示，其工作原理与磁电系电表基本相同。作为检流计，要求有较高的灵敏度，主要是具有较高的电压灵敏度和电流灵敏度。为提高电流灵敏度，通常要增加转动力矩，例如加强磁场和增加动圈匝数。但限于气隙尺寸，须用很细的导线绕制动圈，因此电流灵敏度高的检流计的动圈电阻较高。此外，要降低反抗力矩，可采用力矩很弱的悬丝将动圈安置在永久磁铁的气隙中。为此，检流计使用时要保持水平位置。

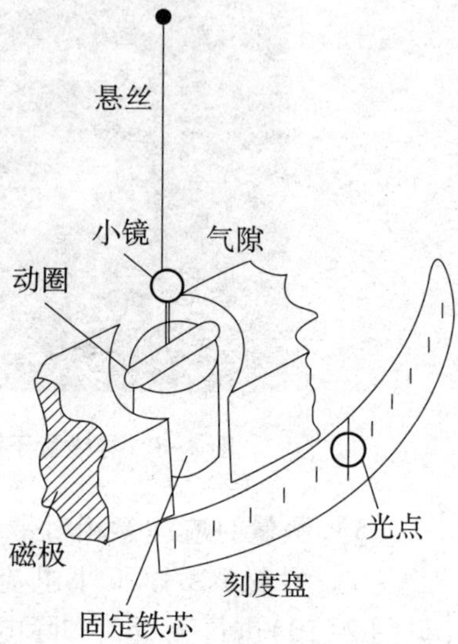

图 2-12 磁电系检流计的结构

2.4.2 检流计的使用与维护

（1）使用时必须轻放，在搬动时应将活动部分用止动器锁住。对于无止动器的检流计，可用一根导线将接线柱两端短路。

（2）在使用检流计时，应在正常使用位置进行安装，对于装有水平仪的检流计，应先调好水平位置，再检查检流计，看其偏转是否良好、有无卡滞现象等。进行这些检查工作之后，再接入测量线路中去使用。

（3）要按临界电阻值选好外接电阻，并根据实验要求合理地选择检流计的灵敏度，测量时逐步提高。当流过检流计的电流大小不清楚时，不要贸然提高灵敏度，应串入保护电阻或并联分流电阻后再逐步提高。

（4）绝不许用万用表、欧姆表测量检流计的内阻，以免通入过大的电流而烧坏检流计。

（5）检流计应放置在干燥、无尘、无振动的场所使用或保存。

2.5 知识点总结

1. 直流电流表

（1）直流电流表一般采用磁电系测量机构，本项目中重点介绍磁电系测量机构的结构及工作原理。

（2）直流电流表测量小电流（约几微安到几百微安）时可以直接接入电路中，测量较大的直流电流时，要并联分流电阻后再接入电路中。电流表应串联到测量电路中。

（3）分流电阻的计算：磁电系测量机构的内阻为 R_c，满刻度电流为 I_c，被测电流为 I_x，则求分流电阻 R_a 的大小时，先计算电流量程扩大倍数 n，再计算分流电阻 $R_a=\frac{1}{n-1}\times R_c$。

2. 直流电压表

（1）直流电压表测量小电压可以直接接入电路中，测量较大直流电压时，要串联分压电阻后再接入电路中。电压表要并联到测量电路中。

（2）分压电阻计算：设磁电系测量机构的额定电压为 $U_c=I_cR_c$，串联适当分压电阻后，可使电压量程扩大为 U。此时，通过测量机构的电流仍为 I_c，且 I_c 与被测电压 U 成正比。计算步骤如下：

第一步，先计算磁电系测量机构的额定电压：$U_c=I_cR_c$。

第二步，计算电压量程扩大倍数：$m=\frac{U}{U_c}$。

第三步，计算所需串联的分压电阻：$R_v=(m-1)R_c$。

3. 交流电流表、电压表

（1）交流电流表和电压表大部分采用电磁系测量机构，只有很小部分采用整流系测量机构和电动系测量机构。本项目重点介绍电磁系测量机构的结构及工作原理。

（2）交流电流表测量小电流（200 A 以内）可以直接接入电路中，在测量较大的交流电流时，仪表必须与电流互感器配合使用。

（3）交流电压表测量小电压（600 V 以内）可以直接接入电路中，在测量较大的交流电压时，仪表必须与电压互感器配合使用。

4. 钳形电流表

（1）钳形电流表的类型：互感器式钳形电流表、电磁系钳形电流表、数字式钳形电流表。

（2）钳形电流表的使用及注意事项。

5. 检流计

检流计的构造、使用和维护。

2.6　实训与练习

2.6.1　实训：电流表、电压表的使用

1. 目的

（1）熟悉电磁系交流电流表、电压表的结构及工作原理。

（2）用交流电流表、电压表测量交流电流和电压。

2. 材料设备

（1）电磁系交流表一块；

（2）直流电压表一块；

（3）交流电压表一块；

（4）稳压电源一块；（5）自耦调压器一台；

（6）变压器一台；

（7）电阻箱三个；

（8）连接导线、开关。

3. 内容及步骤

（1）直流电流表、电压表的使用。

直流电流表、电压表实验电路如图 2-13 所示，实验步骤如下。

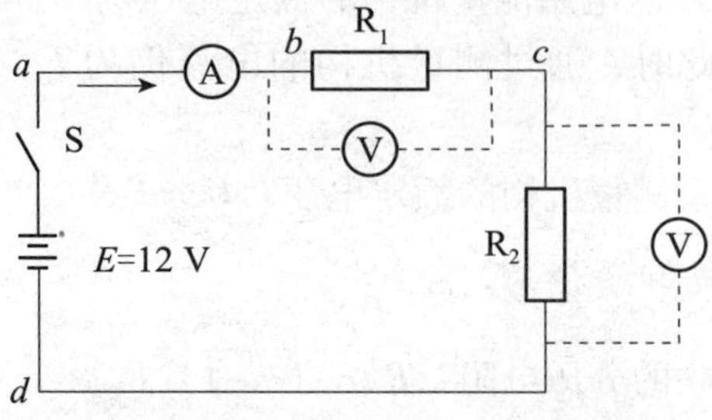

图 2-13　直流电流表、电压表实验电路

①按如图 2-13 所示的电路接好线，将稳压电源调至 12 V，令电阻 $R_1 = 400\ \Omega$，$R_2 = 30\ \Omega$。读出电流表的读数，并记入表 2-1 中。

表 2-1　数据记录（直流）

测量项目	直流电流	直流电压	直流电压	直流电压
	I/mA	U_{ab}/V	U_{bc}/V	U_{ae}/V
测量数据				

②用电压表分别测量 R_1、R_2 上的电压降，并记入表 2-1 中。

（2）交流电流表、电压表的使用。

交流电流表、电压表实验电路如图 2-14 所示，实验步骤如下：

①按电路图接好线，将自耦变压器 TV_1 电压调至 220 V，变压器变比为 220/36。

②读出电流表的读数，并记入表 2-2 中。

③用电压表分别测量 R 上的电压，并记入表 2-2 中。

④将变阻器调小一半，分别读出电流表、电压表的读数，并记入表 2-2 中。

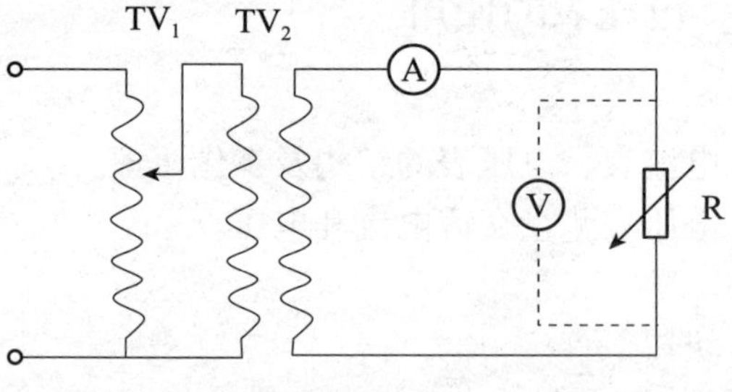

图 2-14　交流电流表、电压表实验电路

表 2–2　数据记录（交流）

测量项目	变阻器电阻为 R		变阻器电阻为 $R/2$	
	电流/A	电压/V	电流/A	电压/V
测量数据				

4. 结论分析

分析测量结果，得出实验结论，并撰写实验报告。

2.6.2　练习题

1. 填空题

（1）磁电系电流表实际上是由__________与__________两者__________组成的。

（2）电磁系交流电流表通常由__________组成，要制造不同量程的电流表时，只要改变线圈的__________和__________即可。

（3）电磁系交流电流表一般制成__________量程，但最大量程不得超过_______，在测量较大的交流电流时，仪表必须与__________配合使用。

（4）电磁系交流电压表由__________与__________两者__________组成。

（5）安装式电磁系交流电压表一般都做成____量程的，但最大量程不超过______。要测量更高的交流电压时，仪表必须与__________ 配合使用。

（6）钳形电流表是维修电工常用的一种电流表，可在__________，使用方便。

（7）钳形电流表按照用途分为专门测量交流电流的__________和可以交直流两用的________两种。

（8）钳形电流表不得测__________ 的电流，被测线路的电压不得超过钳形电流表所规定的__________，只限于被测电路的电压不超过__________ ，以防绝缘击穿和人身触电。

（9）检流计是检测微弱电量用的__________的机械式指示电表，用于______、______中作为指零仪表，也可用于测微弱电流、电压以及电荷等。主要有__________ 、__________、__________、__________和__________等。

2. 判断题

（　　）（1）磁电系测量机构的固定部分是磁路系统。

（　　）（2）磁电系测量机构是根据通电线圈在磁场中受到电磁力矩而偏转的原理制成的。

（　　）（3）磁电系仪表的准确度高，灵敏度低。

（　　）（4）磁电系电流表又称为直流电流表。

（　　）（5）要使电流表量程扩大 n 倍，所并联的分流电阻应为测量机构内阻的 $n-1$ 倍。

（　　）（6）分流电阻的电位端钮在使用时要与被测电路串联。

（　　）（7）磁电系测量机构与分压电阻并联就组成直流电压表。

（　　）（8）对一只电压表来讲，电压量程越高，电压表的内阻越大。

（　　）（9）磁电系检流计可以测量微小电流的大小。

（　　）（10）磁电系检流计采用张丝或悬丝代替轴尖轴承结构，以提高仪表的灵敏度。

（　　）（11）电磁系测量机构既能测交流电流，又能测直流电流。

(　　)(12) 电磁系电流表的刻度是均匀的。

(　　)(13) 目前安装式交流电流表大都采用磁电系电流表。

(　　)(14) 便携式电磁系电流表一般是单量程的。

(　　)(15) 钳形电流表只能测量交流电流。

3. 选择题

(1) 磁电系测量机构主要由__________两部分组成。

A. 固定的磁路系统和可动的软磁铁片　　B. 固定的通电线圈和可动的软磁铁片

C. 固定的软磁铁片和可动的软磁铁片　　D. 固定的磁路系统和可动的线圈

(2) 磁电系测量机构__________电流。

A. 可以测量较大电流　　B. 可以测交流

C. 可以测交、直流　　D. 只能测量较小直流

(3) 磁电系电流表是由磁电系测量机构与__________组成的。

A. 分流电阻并联　　B. 分流电阻串联

C. 分压电阻串联　　D. 分压电阻并联

(4) 一只量程为 50 μA，内阻为 1 kΩ 的电流表，若要改装成 2.5 A 的电流表，则需__________的电阻。

A. 串联一只 0.02 Ω　　B. 并联一只 0.02 Ω

C. 串联一只 0.2 Ω　　D. 并联一只 0.2 Ω

(5) 直流电压表的分压电阻必须与其测量机构__________。

A. 断开　　B. 串联

C. 并联　　D. 短路

(6) 若电压表量程扩大 m 倍，则要串联的分压电阻是测量机构内阻的__________倍。

A. $m-1$　　B. $m+1$

C. $1+m$　　D. $1-m$

(7) 判断检流计线圈的通断__________测量。

A. 用万用表的 R×1 挡　　B. 用万用表的 R×10 挡

C. 用电桥　　D. 不能用万用表或电桥

(8) 安装式电磁系电压表一般都是__________。

A. 单量程的　　B. 双量程的

C. 多量程的　　D. 无量程的

(9) 电磁系电流表的最大量程不得超过__________A。

A. 2　　B. 20

C. 200　　D. 2 000

(10) 扩大便携式电磁系电流表量程是采用__________的方法。

A. 串联分压电阻　　B. 并联分流电阻

C. 分段线圈的串、并联　　D. 加电流互感器

(11) 电磁系电压表采用__________的方法。

A. 电磁系测量机构　　B. 电磁系测量机构与分压电阻串联

C. 电磁系测量机构与分流电阻串联　　D. 电磁系测量机构与分压电阻并联

（12）安装式电磁系电压表的最大量程不超过__________ V。

A. 6　　B. 36

C. 60　　D. 600

（13）钳形电流表的优点是__________。

A. 准确度高　　B. 灵敏度高

C. 可以交、直流两用　　D. 可以不切断电路测电流

（14）使用钳形电流表时，下列操作错误的是__________。

A. 测量前先估测被测量的大小

B. 测量时导线放在钳口中心

C. 测量小电流时，允许将被测导线在钳口多绕几圈

D. 测量完毕，可将量程开关置于任意位置

4. 计算题

（1）用量程为 10 A 的电流表测量实际值为 8 A 的电流，若仪表读数为 8.1 A，试求其绝对误差和相对误差各为多少？若将求得的绝对误差视为最大绝对误差，求仪表的准确度等级。

（2）一只内阻为 1 kΩ，满刻度电流为 50 μA 的磁电系测量机构，若用于测量 50 V 的电压，求其分压电阻的数值，并画出电路图。

项目3　万用表

学习目标

（1）了解万用表的基本结构和简单原理。

（2）掌握万用表的使用方法。

（3）能熟练使用万用表测量电压、电流、电阻。

（4）能用万用表判别电子元件好坏及检测电路故障。

3.1　模拟式万用表的构造

模拟式万用表（又称为指针式万用表）一般主要由测量机构、测量线路、转换开关三部分组成。

测量机构是一个高灵敏度的磁电系测量机构（俗称“表头”），作用是把过渡电量转换为仪表指针的机械偏转角。目前万用表的表头量程大到 1 mA 的已经很少，几乎都在几百 μA 以下，满刻度电流越小的测量机构灵敏度越高。图 3-1 所示是模拟式万用表的外形。

图 3-1　模拟式万用表的外形

测量线路的作用是把各种不同的被测量（如电流、电压、电阻等）转换为磁电系测量机构所能测量的微小直流电流，测量线路中使用的元件主要包括分流电阻、分压电阻、整流元件、电容器等。万用表功能越多，测量线路越复杂。

转换开关的作用是把测量线路转换为所需要的测量种类和量程。万用表的转换开关一般采用多层多刀多掷开关。图 3-1 中的万用表转换开关就是一个单层二十四掷开关，当转动旋钮时，可动触头（“刀”）与接在固定触头（“掷”）上的相应线路接通，就构成了不同的测量线路。

3.2 模拟式万用表的工作原理

模拟式万用表虽然电路结构是各式各样的，但是它们的基本原理都一样。下面我们就根据图3-2中的这个电路来说明模拟式万用表的工作原理。

图 3-2 是一个最简单的模拟式万用表原理电路图。图中，S_1 是一个具有 12 个分接头的转换开关（分线开关），当滑动触头与不同的分接头连接时，就接通了不同的电路，以便用来选择测量种类和量程；S_2 是一个单刀双投开关，测量电阻时，S_2 与 2 点接通，进行其他测量时，S_2 拨在 1 的位置。

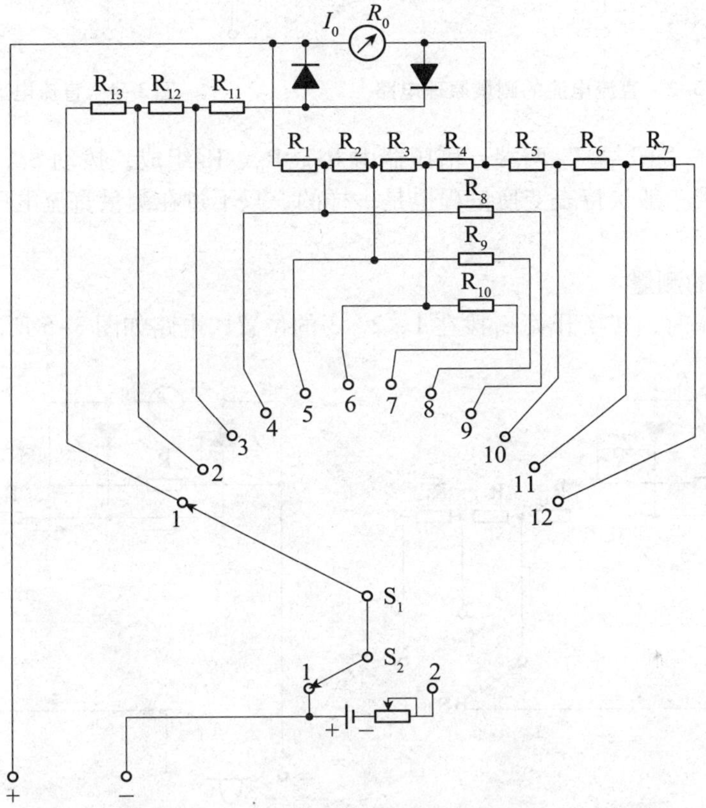

图 3-2 模拟式万用表原理电路图

1. 直流电流的测量

测量直流电流时，转换开关 S_1 拨在 4、5、6 的位置，电路如图 3-3 所示。

被测电流分别从“+”“-”端进出，R_1、R_2、R_3 和 R_4 组成环形分流器，拨动 S_1 的触头，就改变了电流量程，这和一般安培表并联分流电阻扩大量程是一样的，我们在前面的章节中已经讨论过了。

2. 直流电压的测量

测量直流电压时，转换开关 S_1 拨在 10、11、12 的位置，电路如图 3-4 所示，图中 $R=$

$R_1+R_2+R_3+R_4$是环形分流器的总电阻。

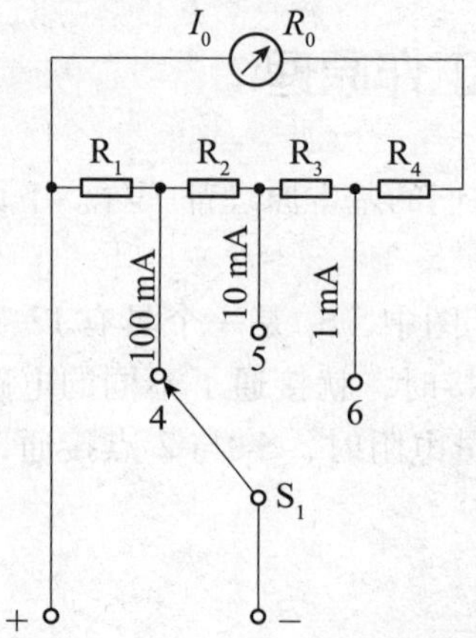

图 3–3 直流电流的测量原理电路

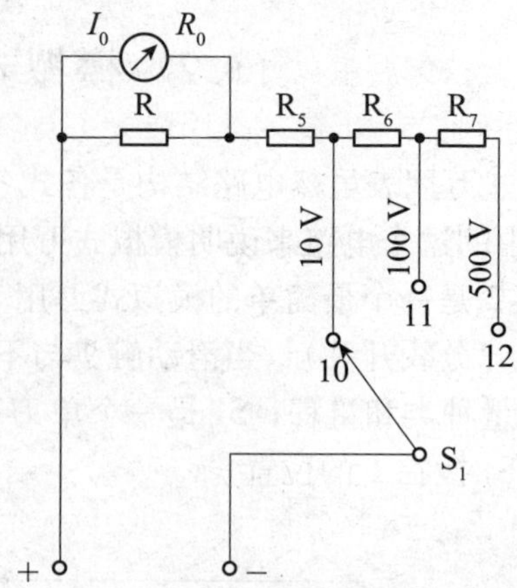

图 3–4 直流电压的测量原理电路

被测电压加在“+”“−”两端，倍压器由 R_5、R_6、R_7组成，拨动 S_1，就可以得到不同的电压量程。这和一般伏特表变换量程也是一样的，只不过在测量直流电压时，分流器仍然与表头并联而已。

3. 交流电压的测量

测量交流电压时，转换开关 S_1拨在 1、2、3 的位置，电路如图 3–5 所示。

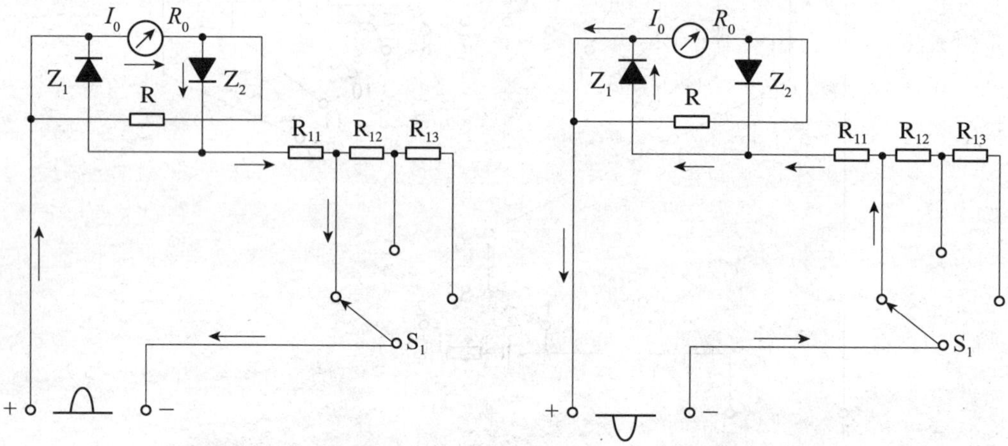

(a) 电压为正半波时的电流通路 (b) 电压为负半波时的电流通路

图 3–5 交流电压的测量原理电路

我们知道，磁电系测量机构只能测量直流，如果要测量交流，就得在仪表内附加整流器，把交流电变成直流电后再测量。图 3–5 中的 Z_1、Z_2就是整流器，它是一种具有单向导电特性的元件，当电流从它的正向通过时，它呈现很小的电阻，因而电流畅通；当电流从它的反向（负向）通入时，它呈现很大的电阻，因而反向电流极小，基本上等于零。这样，就可以把正负交变的交流电变换为单方向的直流电。在万用表中，过去是用氧化铜整流器（一般把两个元件装在一起）作为整流元件，现在一般用晶体二极管作整流元件。

图3-5（a）是交流电压在正半波时的电流通路，这时电流由万用电表“+”端进入，整流器Z_1是反向，所以电流一部分经过表头和整流器Z_2，一部分经过分流电阻R和分流器Z_2，然后经倍压电阻由“-”端流出。当交流电压在负半波时［见图3-5（b）］，电流由“-”端进入，经倍压电阻和Z_1从“+”端流出。也就是说，在交流电流的负半周，电流不通过表头。或者说，通过表头的电流是一个单向脉动电流（见图3-6），这个脉动电流的平均值与交流有效值成正比，而测量机构的可动部分（包括指针）的偏转角又和脉动电流的平均值成正比，因此在标度尺上可以直接按交流电压的有效值刻度。

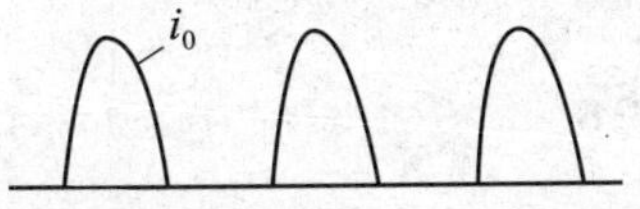

图3-6　测量交流电压时，通过表头的是单向脉动电流

测量交流电压时，量程的改变和测量直流电压是一样的，也是用转换开关来改变附加电阻的阻值（R_{11}、R_{12}和R_{13}）。

4. 电阻的测量

万用表中测量电阻的部分实际上就是一个多量程的欧姆表。在图3-2中，当转换开关S_1拨到7、8、9的位置时，就可以测量电阻值，这时S_2应投向2侧，把电池接入电路。

我们来看看S_1拨到位置9时的情况，测量电路如图3-7（a）所示。这个电路可以简化为如图3-7（b）所示的样子。图中R_A是表头和分流器的总等效电阻。从图3-3可以知道，这时整个表头回路（表头与环形分流器并联的电路）的量程是100 mA。

当被测量电阻R_2接到万用表的输入端时，就有电流I通过电路。从图3-7（b）可知，电流的大小为：

$$I=\frac{E}{R_A+R_8+R_b+R_x} \tag{3-1}$$

前面我们讲过，表头指针的偏转角与被测电流I的大小成正比，而电流I又与被测电阻R_x的大小有关系，因此指针的偏转角就可以代表R_x的大小。不过，从式（3-1）可知，电流和被测电阻之间不是成正比的关系，因此它的标度尺刻度是不均匀的，如图3-8所示。

当被测电阻未接入时，输入端处于开路状态，此时表内电流$I=0$，相当于$R_x=\infty$，指针不偏转，所以欧姆表标度尺的左侧是“∞”符号。万用表测量电阻的刻度也是这样。

如果让输入端短路，即$R_x=0$，则电流为：

$$I_D=\frac{E}{R_A+R_8+R_b} \tag{3-2}$$

此时指针偏转角最大，所以标度尺右侧指示电阻为“0”。

如果被测电阻R_x与欧姆表内阻相等，即$R_x=R_A+R_8+R_b$，从式（3-1）可知，被测电流为：

$$I=\frac{E}{2(R_A+R_8+R_b)}=\frac{1}{2}I_D \tag{3-3}$$

这时指针应该指在标度尺的正中。于是，我们把欧姆表的内阻$R_A+R_8+R_b$叫作它的居中电

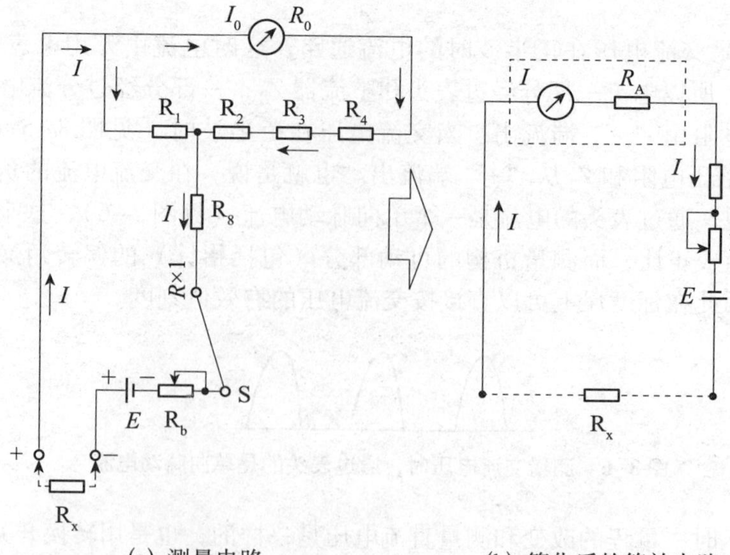

(a) 测量电路　　　(b) 简化后的等效电路

图 3–7　万用表电阻挡的测量原理电路

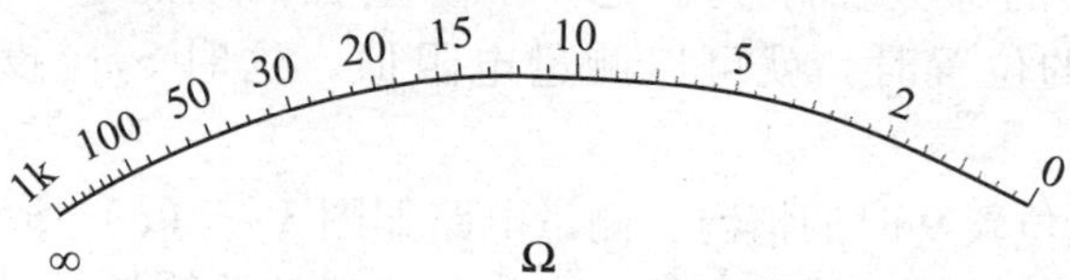

图 3–8　欧姆表的标度尺

阻或中心电阻。

欧姆表的居中电阻（其内阻）是一定的。在如图 3–7 所示电路中，表头所测电流量程是 100 mA，假定电源采用一节干电池，它的端电压按 1.2 V 计算，那么这时内阻为：

$$R_{T1}=\frac{E}{I}=\frac{1.2}{0.1}=12(\Omega)$$

即 $R_A+R_8+R_b=12\ \Omega$ 。我们知道，R_A 是表头及其分流器的总等效电阻，它的大小由电流量程决定，所以要串联适当大小的电阻 R_8 来使得欧姆表内阻等于 R_{T1}，并用 R_b 来调节电池端电压波动对测量的影响。

当开关 S_1 到 8 的位置时（见图 3–9），表头回路分流器的阻值改变，表头测量电流的量程为 10 mA，这时欧姆表的内阻为：

$$R_{T2}=\frac{1.2}{0.01}=120(\Omega)$$

与图 3–7（S_1 拨在 9 的位置）比较，居中电阻提高了 10 倍，所以这时整个欧姆表的读数都应该乘以 10，这一挡就是 R×10 挡。

同样的道理，当转换开关 S_1 户拨到 7 的位置时，表头测量电流的量程是 1 mA，这时欧姆表的居中电阻是 1.2 kΩ，这一挡就是 R×100 挡。

当然，提高电源电压也可以改变欧姆表的量程（就是提高它的居中值）。在万用表中，

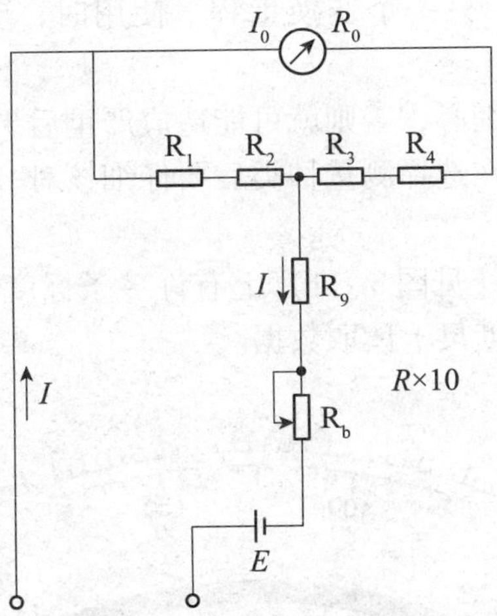

图 3-9 欧姆表量程的改变

R×1k 和 R×10k 两挡就是用增加电池节数（或者采用电压比较高的叠层电池）的办法来实现的。

万用表中所用的干电池端电压不是恒定值，使用久了或存放时间长了，它的端电压就会下降，这时将输入端短接（$R_x=0$），指针并不指零。因此在欧姆表通路中串联了一个可调电阻 R_b，叫作调零电位器，调节它就可以改变通过表头的电流，使得在 $R_x=0$ 时指针指零。不过，为了减小调零电位器上的电压和能量损失，一般使它和表头并联（见图3-10）。调零电位器的调节柄装在万用电表的盘面上，装上旋钮，并有“Ω”符号。

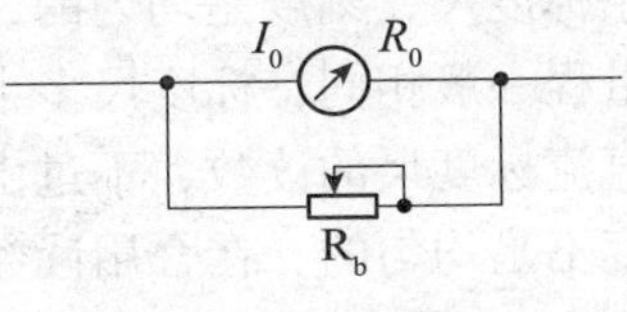

图 3-10 调零电位器与表头并联

3.3 模拟式万用表的使用

3.3.1 使用方法

1. 接线柱选择

测量之前，应先检查表笔位置。红表笔应接在标有“+”号的接线柱上，黑表笔应接在标有“-”号的接线柱上。这样，测量直流时总是用红表笔接正极，黑表笔接负极，可以避免因极性接反烧坏表头或撞坏表针。有的万用表另有交、直流 2 500 V 的测量端钮，使用时，黑表笔仍接在“-”接线柱上，而将红表笔接到 2 500 V 的接线柱上。

2. 测量种类选择

根据测量的对象，将转换开关拨到需要的位置，例如需要测量交流电压，就把转换开关拨到标有“$\underset{\sim}{V}$”的区间。有的万用表面板上有两个旋钮，一个选择测量种类（直流电压、直流电流、交流电压、电阻等），另一个变换量程。使用时，应先选择测量种类，然后选择量程。

选择测量种类时，要特别细心，否则就可能造成严重后果。例如，误用电流或电阻挡测电压，就可能损坏表头。因此在选择测量种类后要仔细核对一下再开始测量。

3. 正确读数

在模拟式万用表的标度盘（见图 3–11）上有许多条标度尺，分别用于各种不同的测量对象，在测量时要从相应的标度尺上读取数据。

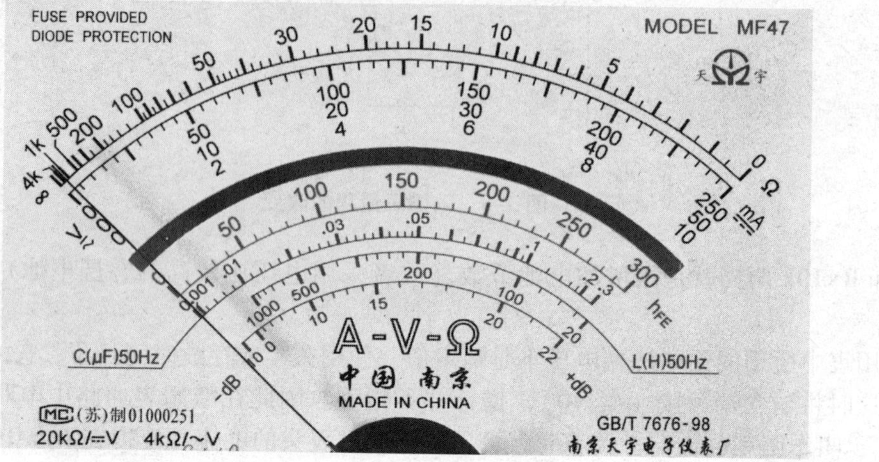

图 3–11 模拟式万用表标度盘

直流电流和直流电压共用一条标度尺，刻度是均匀的，标度尺的一端或两端标明是直流（D. C）。交流电压与直流电压的量程一般相同，标度尺多半是红色，线端标有“A. C”符号表示交流。它的读数一般仍利用直流标度尺的读数，不过由于氧化铜整流器的内阻在不同电压下不一样，因此交流电压的刻度不是均匀的，在合用读数时就得另用一些斜短线把直流标度尺连起来，读数时要特别注意。有些万用表有专门测量交流低压的标度尺，一般在标度尺区域的下方，在测量低压时比较准确。

4. 欧姆挡的正确使用

1）选择适当的倍率挡

电阻的标度尺大多在标度盘的最上一行，读数写在线上，右端从零开始，分格由疏渐密，到左端为∞（无限大），测量范围由 R×1 到 R×10000。由于向左刻度渐密，所以并不是在一个量程内由零到∞都可以准确地读数，一般可以比较清晰地读出居中电阻的 20 倍，最大可到 200 倍。例如某表 R×1 挡的居中电阻为 12 Ω，它的 20 倍约为 250 Ω，在这个数值以下可以清楚地读出，再大一些就不准确了，必须另选合适的量程。

用模拟式万用表测量直流稳压电源的输出电压、市电电压如图 3–12、图 3–13 所示。

图 3-12　测量直流稳压电源输出电压

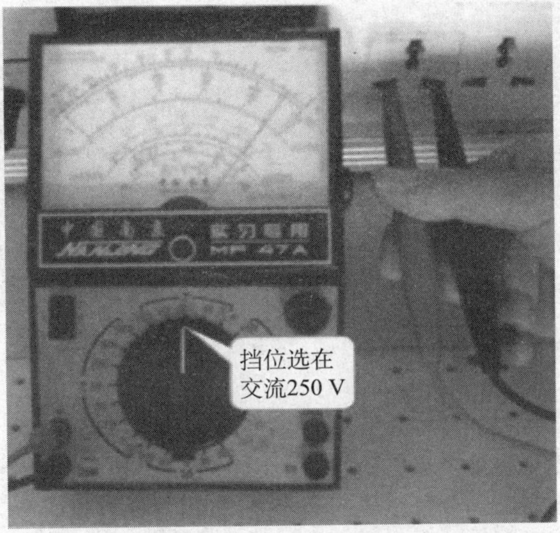

图 3-13　测量市电电压

如果想用 MF47 型持针式万用表测量直流电流，则其接线示意图如图 3-14 所示。

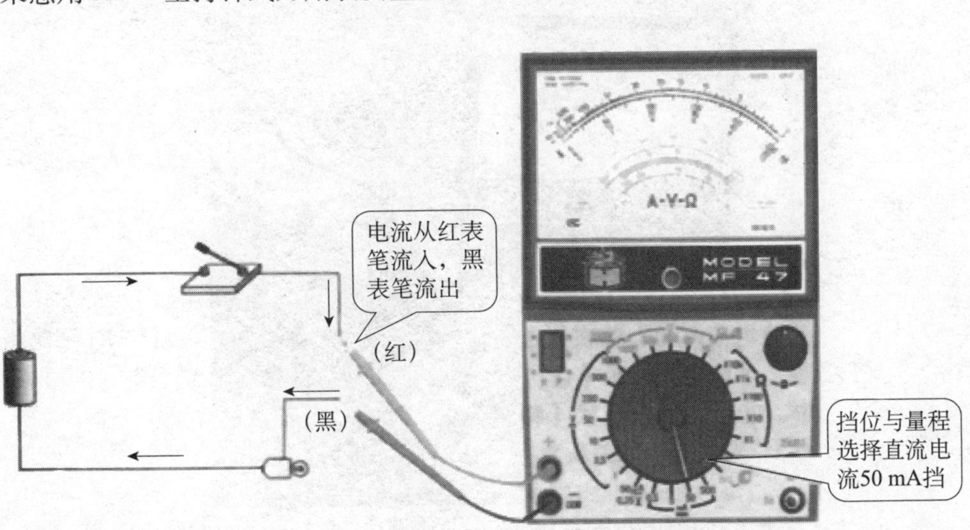

图 3-14　MF47 型指针式万用表测直流电流接线示意图

2）调零

在测量电阻之前，首先应将两表笔碰接在一起（见图 3-15），并旋转“调零”旋钮（见图 3-16），使指针刚好指在电阻标度尺的零位，以保证测量结果的准确性。在每次切换转换开关之后都要重复这一步骤。如果指针不能调到零位，就说明干电池的电压已经太低，不符合要求，应换上新电池后再使用。如果换上新电池后指针还不能调到零位，则说明仪表已经损坏。

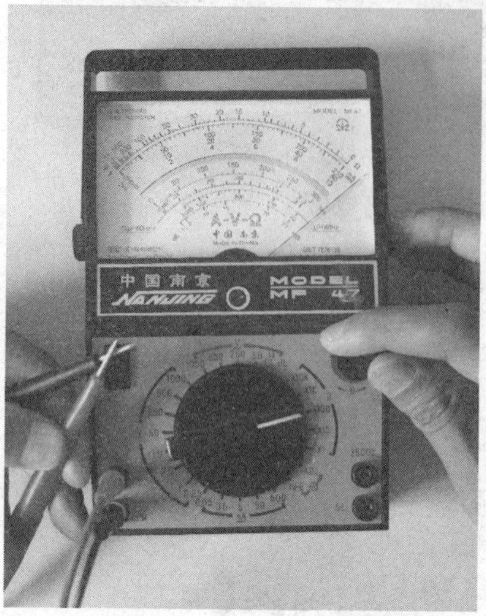

图 3-15　万用表欧姆调零

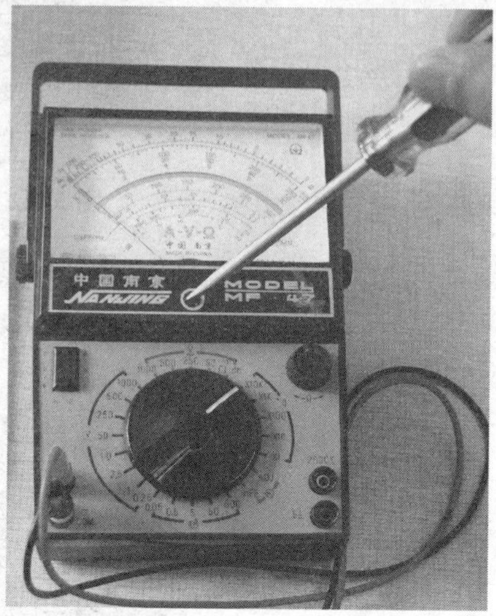

图 3-16　万用表机械调零

3）绝不能带电测量电阻

测量电阻的欧姆挡是干电池供电的，被测电阻绝不能带电，因为带电测量相当于接入一个额外的电源，不仅得不到正确的测量结果，而且有可能损坏表头，这一点必须特别注意。在测量某一电路中的电阻时，必须首先切断电源（如果被测电阻有并联支路，还应将并联支路的一端断开），以确保电阻中没有电流通过，才能进行测量。图 3-17 所示为万用表测电阻。

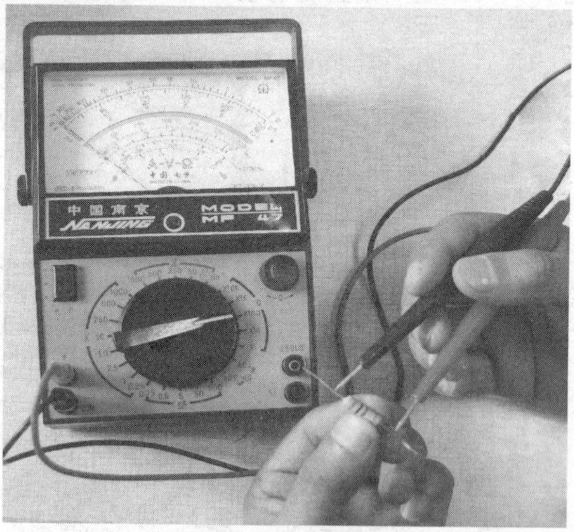

图 3-17　万用表测电阻

4）绝不许用万用表的电阻挡去直接测量微安表头、检流计、标准电池等仪表仪器的内阻。

5. 用模拟万用表测试二极管、三极管

1）测试二极管

在1k电阻挡位上，用两表笔直接测试就可以。正向测时电阻指针一般指在表中间位置；反向则指针基本不动。

2）测试三极管

在路测试分通电状态下测试和不通电状态测试两种。在通电状态下测试，可以测一下基极电压。一般硅管的为0.7 V，锗管的为0.2～0.3 V，电压符合规定说明三极管工作正常，否则三极管为截止状态。不通电状态可测一下三极管的PN结的正反向电阻是否正常。有的三极管由于并联小电阻或电感，不能正常检测，可以拆下来测量。

（1）判断三极管好坏

三极管的管脚必须正确辨认，否则接入电路不但不能正常工作，还可能烧坏晶体管。已知三极管类型及电极，用指针式万用表判别晶体管好坏的方法如下：

①测 NPN 三极管：将万用表欧姆挡置“R × 100”或“R × 1k”处，把黑表笔接在基极上，将红表笔先后接在其余两个极上，如果两次测得的电阻值都较小，再将红表笔接在基极上，将黑表笔先后接在其余两个极上，如果两次测得的电阻值都很大，则说明三极管是好的。

②测 PNP 三极管：将万用表欧姆挡置“R × 100”或“R × 1k”处，把红表笔接在基极上，将黑表笔先后接在其余两个极上，如果两次测得的电阻值都较小，再将黑表笔接在基极上，将红表笔先后接在其余两个极上，如果两次测得的电阻值都很大，则说明三极管是好的。

（2）辨别三极管的电极

当三极管上标记不清楚时，可以用万用表来初步确定三极管的好坏及类型（NPN 型还是 PNP 型），并辨别出 e、b、c 三个电极。测试方法如下：

①用指针式万用表判断基极 b 和三极管的类型：将万用表欧姆挡置“R × 100”或“R×1k”处，先假设三极管的某极为“基极”，并把黑表笔接在假设的基极上，将红表笔先后接在其余两个极上，如果两次测得的电阻值都很小（或约为几百欧至几千欧），则假设的基极是正确的，且被测三极管为 NPN 型管；同上，如果两次测得的电阻值都很大（约为几千欧至几十千欧），则假设的基极是正确的，且被测三极管为 PNP 型管。如果两次测得的电阻值是一大一小，则原来假设的基极是错误的，这时必须重新假设另一电极为“基极”，再重复上述测试。

②判断集电极 c 和发射极 e：仍将指针式万用表欧姆挡置“R×100”或“R×1k”处，以 NPN 管为例，把黑表笔接在假设的集电极 c 上，红表笔接到假设的发射极 e 上，并用手捏住 b 和 c 极（不能使 b、c 直接接触），通过人体，相当于在 b 、c 之间接入偏置电阻，读出表头所示的阻值，然后将两表笔反接重测。若第一次测得的阻值比第二次小，说明原假设成立，因为 c 、e 间电阻值小说明通过万用表的电流大，偏置正常。现在的指针万用表都有测三极管放大倍数（Hfe）的接口。可以估测一下三极管的放大倍数。

如果出现以上以外的情况，则三极管可能已经损坏。如果正反向均导通，则说明三极管已被击穿。

6. 用万用表测量电平

在万用表的表盘上，一般都有“分贝（dB）”刻度。这是用来测量电平的。那么什么是分贝（dB）？电平又是什么呢？

我们先来讨论一下分贝（dB）的概念。各种信号经电路传输以后，通常其大小要发生变化。“分贝”就是用数学中的对数来表示信号传输前后大小变化的一个单位。当输出功率P_2为输入功率P_1的10倍时，就认为通过这一系统的功率是1贝尔。由于“贝尔”这个单位较大，而把它的1/10定义为一个“分贝”，其符号用“dB”表示。则系统的功率增益的倍数用下式表示：

$$S = 10\ \lg(P_2/P_1)\text{（分贝）} \tag{3-4}$$

在实际工作中，由于测量电压U_1和U_2较为方便，根据$P=IU=U^2/Z$、$\lg N^2=2\ \lg N$，并代入式（3-4），在阻抗一定的情况下，系统的功率增益可用电压来表示，即：

$$S = 10\ \lg\ (P_2/P_1) = 20\ \lg\ (U_2\ /U_1)\text{（分贝）} \tag{3-5}$$

式中：当$U_2>U_1$时，$S>0$，得正分贝数，表明信号在传输过程中得到放大，叫作“增益”；当$U_2<U_1$时，$S<0$，得负分贝数，表明信号在传输过程中（如经电阻分压）被削弱，叫作“衰减”。

采用分贝具有如下优点：

①可以将庞大的数字缩简为简单的数字。例如U_2为U_1的一百万倍（$U_2/U_1=10^6$），写出来数字较长，也不好读。如用“分贝”表示，则为：

$$S = 20\ \lg(U_2/U_1) = 20\ \lg(10^6) = 120\ \text{（分贝）}$$

②可以把乘法运算变为加法运算。例如某交流毫伏表的电路，有分压器和两级放大三部分电路组成，分压器的分压比为0.1，即信号通过分压器后被衰减到原来的1/10，第一级电压放大倍数为30倍，第二级放大倍数为40倍。这三部分的总放大倍数为0.1×30×40=120。如用分贝来表示，由式（3-5）和$\lg\ (N_1\ N_2)\ =\lg N_1+\lg N_2$关系式，则总增益为：

$$S = 20\ \lg(0.1\times30\times40) = 20(\lg 0.1 + \lg 30 + \lg 40) \approx +41.6$$

③人的听觉对声音的感觉，基本上是与声波强度的对数成比例的。当声音的功率增加10倍时，人的感觉好像是声音大了一倍。如果声音是由电能转换过来的，则我们感觉到声音的大小，是与功率大小的比值的对数成正比。即人耳对声音响度的反应与$\lg\ (P_{功率2}/P_{功率1})$成正比。所以表示声音的强度或供给扬声器的功率的强度，常用分贝来表示。所以，我们常听说噪声的卫生标准，白天不超过50 dB，夜间不超过45 dB，就是与“分贝”这个单位有关。

下面再来谈谈“电平”的概念，电平实际上是一个用对数来表示功率的参数。高频信号在传输过程中经常要测量和计算某点的电压、电流或功率。在测量或计算这些物理量的时候，我们一般不直接测量或计算该点的电流（I）、电压（U）或功率（P），而是测量或计算它们对于某一基准值的比值，取其对数关系来表示，称为电平。系统中某一处的电平值，等于该处测量的功率值与零电平时标准功率之比的对数值。为了便于比较，必须对零电平设个规定，通常把在600 Ω的负载阻抗上得到1 mW功率（设为$P_0=0.001$

W）时的电平称为零电平，把此时的分贝数定义为零分贝。根据式（3-4），任一处的电平值为：

$$S = 10\lg(P_2/P_1) = 10\lg(P_2/P_0) = 10\lg(P_2/0.001) \quad (3-6)$$

式（3-6）表示了某处的电平值的计算公式。以1 mW功率为基准取某电功率与之比较得到的电平称为绝对功率电平，电路中任意一点的功率 P_x 与电路中某参考点的功率 P_0 之比取常用对数的10倍称为相对功率电平，电平的单位也是“分贝”（dB）。如果某处测得功率是1 mW，且负载阻抗是600 Ω，则该处电平为零电平。根据 $P=IU=U^2/Z$，对应于600 Ω负载阻抗且为零电平时电压值为：$U_0=0.775$ V。

万用表中的电平测量，就是根据上述原理设计而成。在万用表中，一般都是用交流10 V挡作为分贝标尺标定基准，在0.775 V处即为零电平点（0 dB），其他点可由式（3-5）算出。例如：

在0.245 V处对应电平点是：$S = 20\lg(U_2/U_0) = 20\lg(0.245/0.775) \approx -10(\text{dB})$。

在7.75 V处对应电平点是：$S = 20\lg(U_2/U_0) = 20\lg(7.75/0.775) \approx -20(\text{dB})$。

依此类推。如果测得了某处的电平值，也可以求出功率和电压值。比如测得了某处的电平为20 dB，根据式（3-4）和式（3-5），则有关系式：

$$\left.\begin{aligned} 20\,(\text{分贝}) &= 10\lg(P/P_0) \\ 20\,(\text{分贝}) &= 20\lg(U/U_0) \end{aligned}\right\}$$

将 $P_0=0.001$ W和 $U_0=0.775$ V分别代入，则可算得该点的功率和电压值：

$$P=0.001\times102=0.1\ (\text{W})$$

$$U=0.775\times10=7.75\ (\text{V})$$

有的万用表规定负载阻抗500 Ω，功率为6 mW时的电平为零电平，根据 $P=IU=U^2/Z$，这时相应零电平的电压值为：$U_0=1.732$ V。

如果所用的万用表是用600 Ω，1 mW为零电平，而实际所用的万用表电平的负载不是600 Ω，那么测得的电平值必须经过换算。换算的方法是：设此时被测负载 R 上的电压为 U，功率为 P，由式（3-4）和 $P=IU=U^2/Z$ 可得该点的实际电平：

$$S = 10\lg(P/0.001) = S10 + 10\lg 600/R$$

式中第一项 $S10$ 就是用以600 Ω、1 mW为零电平的万用表去测负载不是600 Ω时的电平读数，第二项为被测量负载不为600 Ω时的更正值。

一块万用表的零电平标准是600 Ω、1 mW，还是500 Ω、6 mW，一般在指针式万用表的刻度盘上都有注明。如难以辨认，可根据万用表的零分贝刻度线的位置来区分。以600 Ω、1 mW为零电平标准的万用表，零分贝刻度线在0.775 V处，而以500 Ω、6 mW为零电平标准的万用表，零分贝刻度线在1.732 V处。

万用表的电平值是以交流电10 V挡为基准刻度进行标示，在10 V这一点的电平值是+22 dB。如指示值大于+22 dB时，可在大于10 V以上其他各交流电压挡测量电平值，其示值可用修正值修正。如南京产MF47型万用表在50 V以上各量程测量时，（根据厂方说明书）其修正值如表3-1所示。

表 3-1 南京产 MF47 型万用表在 50V 以上各挡测量时的修正值

量　限	按电平刻度值增加值	电平的测量范围
10 V	/	-10 ~ +22 dB
50 V	14 dB	+4 ~ +36 dB
250 V	28 dB	+18 ~ +50dB
500 V	34 dB	+24 ~ +56 dB

其他各交流电压挡的电平值测量方法与测交流电压基本相似，转动开关至相应的交流电压挡，使指针有较大的偏转（根据估计由高压挡向低压挡试测）。如果被测电路中带有直流成分时，可在“+”插座中串接一个耐压差不多的 0.1μF 的隔直电容器进行测量。数显式万用表的表头是电阻阻抗型，与机械动圈式万用表表头（感性阻抗）略有区别，可根据其说明书参照上述原理测量使用。

3.3.2 万用表使用的注意事项

（1）在进行高电压测量或测量点附近有高电压时，一定要注意人身和仪表的安全。

（2）严禁带电切换转换开关，否则有可能损坏转换开关。

（3）使用万用表应正确放置（平放、倾斜 60°或竖立），不得受到振动。

（4）测量前要看指针是否在零位，如不在则应先机械调零。

（5）转换开关在电流或电阻挡时，切勿测量电压。

（6）测量完毕，应将转换开关置于空挡或交流电压挡的最大量程上。如果万用表长时间不用，要将电池取出。

3.4 数字式万用表

现在，数字式测量仪表已成为主流，有取代模拟式仪表的趋势。与模拟式仪表相比，数字式仪表具有以下优点：灵敏度高，准确度高，显示清晰，过载能力强，便于携带，使用更简单。

尽管目前国内外生产的数字式万用表型号不同（见图 3-18），整流电路也不一样，但基本工作原理大同小异。主要由采用 A/D 转换器组成的数字式电压基本表、测量线路、量程转换开关三部分组成。数字式电压基本表是数字式万用表的核心，它相当于指针类仪表的测量机构。测量线路的作用是将各种被测的电量和电参量转换为微小的直流电压，供数字式电压基本表显示数值。量程转换开关的作用是当其置于不同位置时可接通不同的测量线路。

下面以 VC9802 型（图 3-18 中第四种）数字式万用表为例，简单介绍其使用方法和注意事项。

1. 使用方法

（1）使用前，应认真阅读有关的使用说明书，熟悉电源开关、量程开关、插孔、特殊插口的作用。

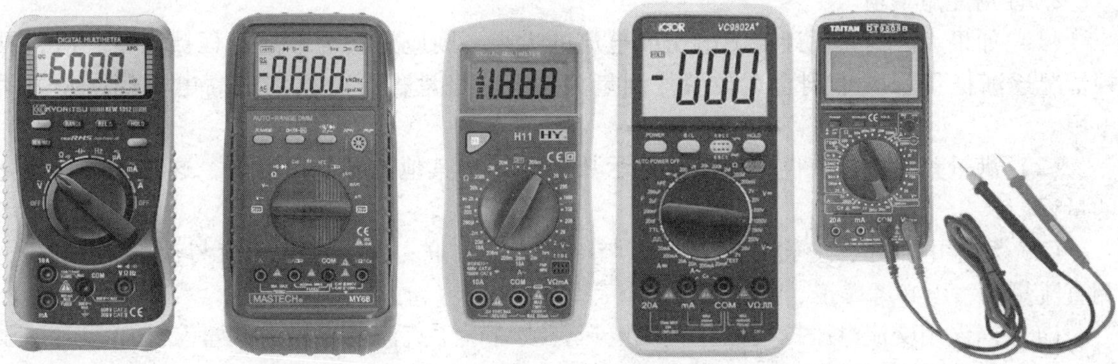

图 3-18 几种常见的数字式万用表

（2）将电源开关置于 ON 位置。

（3）交、直流电压的测量：根据需要将量程开关拨至 DCV［直流，见图 3-19（a）］或 ACV［交流，见图 3-19（b）］的合适量程，红表笔插入 V/Ω 孔，黑表笔插入 COM 孔，并将表笔与被测线路并联，读数即显示。

（4）交、直流电流的测量：将量程开关拨至 DCA（直流）或 ACA（交流）的合适量程，红表笔插入 mA 孔（<200 mA 时）或 10 A 孔（>200 mA 时），黑表笔插入 COM 孔，并将万用表串联在被测电路中即可。测量直流量时，数字万用表能自动显示极性。

（5）电阻的测量［见图 3-19（c）］：将量程开关拨至 Ω 的合适量程，红表笔插入 V/Ω 孔，黑表笔插入 COM 孔。如果被测电阻值超出所选择量程的最大值，万用表将显示“1”，这时应选择更高的量程。测量电阻时，红表笔为正极，黑表笔为负极，这与指针式万用表正好相反。因此，测量晶体管、电解电容器等有极性的元器件时，必须注意表笔的极性。

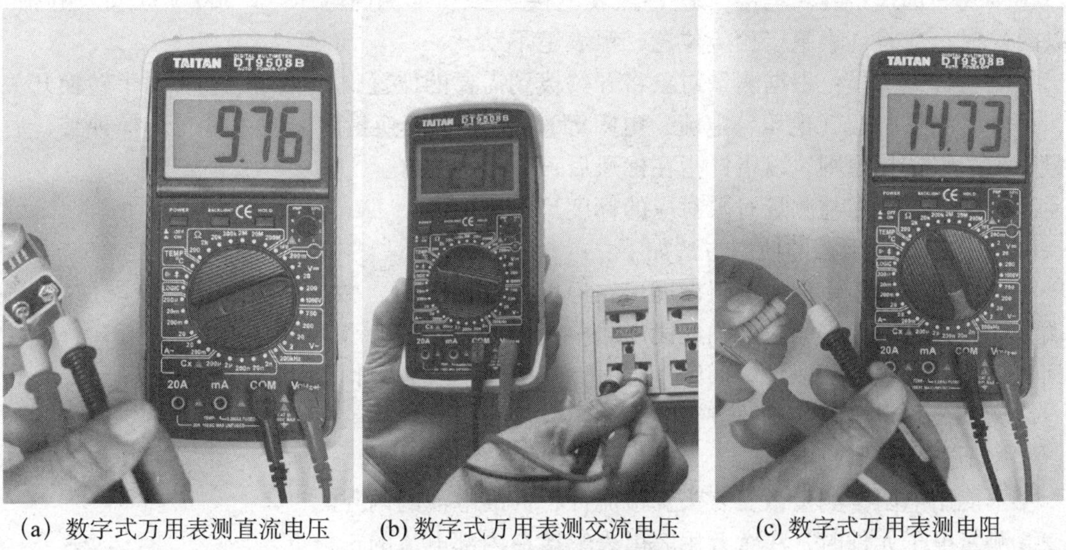

(a) 数字式万用表测直流电压　(b) 数字式万用表测交流电压　(c) 数字式万用表测电阻

图 3-19 数字式万用表的使用

2. 使用注意事项

（1）如果无法预先估计被测电压或电流的大小，则应先拨至最高量程挡测量一次，再视情况逐渐把量程减小到合适位置。测量完毕，应将量程开关拨到最高电压挡，并关闭电源。

（2）满量程时，仪表仅在最高位显示数字“1”，其他位均显示消失，这时应选择更高的量程。

（3）测量电压时，应将数字万用表与被测电路并联；测电流时，应与被测电路串联；测直流量时，不必考虑正、负极性。

（4）当误用交流电压挡去测量直流电压，或者误用直流电压挡去测量交流电压时，显示屏将显示“000”，或低位上的数字出现跳动。

（5）禁止在测量高电压（220 V 以上）或大电流（0.5 A 以上）时换量程，以防止产生电弧，烧毁开关触点。当显示“LOW”“BATT”或“LOW BAT”时，表示电池电压低于工作电压。

3.5 知识点总结

（1）万用表是一种具有多种用途、多个量限的直读式仪表，可用来测量电压、电流、电阻、电平等量，还可判断电路元件的好坏和电路故障。

（2）万用表由磁电系测量机构（表头）、测量线路、转换开关组成。

（3）万用表表头是一个磁电系微安表，通过串联不同的电阻测不同的电压，通过并联不同的电阻测不同的电流，通过加整流器来测交流，通过加直流电源做成电阻测不同电阻。

（4）识别电路元件好坏和判断电路故障均用电阻挡。

（5）万用表实用注意事项如下：

①接线柱选择：红表笔接“+”，黑表笔接“-”。如测高电压（2 500 V）或大电流（5 A 以内）时，应将红表笔接相应位置，黑表笔不动。

②测量种类选择：根据测量对象将开关拨到需要的位置，有的万用表有两个转换开关旋钮，一个是测量种类（电压、电流、电阻等），另一个变换量限，使用时先选择种类，后选择量限。量限选择原则，以指针指在标尺后三分之一为好。

③读取数据要在与测量对象对应的标度尺上读取。

（6）万用表电阻挡的使用方法如下：

①选择适当的倍率挡：电阻标度尺在标度盘最上一行，数据写在线上，右端从零开始，左端为无穷大。万用表能较准确地读出居中电阻的 20 倍。一般几欧到几十欧用 R×1，几十欧到几百欧用 R×10，几百欧到几千欧用 R×100，测量时指针指在中间为好。

②调零：测量电阻前，要进行欧姆调零，每换一次量程就要调零一次。

③绝不能带电测量电阻。

④不能用电阻挡测量微安表头、检流计、标准电池的内阻。

⑤测量电子元件时，注意万用表黑表笔接在内部电流的正极上。

（7）数字式万用表还能通过热电偶测量温度。

3.6 实训与练习

3.6.1 实训1：电位和电阻的测量

1. 目的

（1）学习电路的连接方法。

（2）掌握万用表测量电阻的方法。

（3）加深对电位概念的理解。

2. 原理与说明

（1）电路实验中正确接线的基本原则是：“先串后并，先分后合，先主后辅”。

（2）电路可分为三部分，分别按“先串后并”的原则将各部分接好，再将三部分合成整体电路。

（3）电路中某点的电位是该点对参考点的电压。参考点的选择是任意的，对不同的参考点，同一点的电位不同，但任意两点间的电压与参考点的选择无关。在直流电路中，直流电压表负极接参考点；电压表正偏时，被测点的电位则为正，反之为负。

（4）电路故障的检查，常用电压表法和欧姆表法，欧姆表法检查电路故障须在断电下进行。

3. 材料设备（见表3-2）

表3-2 实训1准备材料

序号	名称	型号	数量
1	电阻器	100 Ω，1/4 W	1只
		330 Ω，1/4 W	2只
		1 000 Ω，1/4 W	2只
2	线路板	—	1块
3	导线	—	若干
4	电阻	—	若干
5	万用表	—	1台

4. 内容及步骤

（1）按图3-20所示接线。

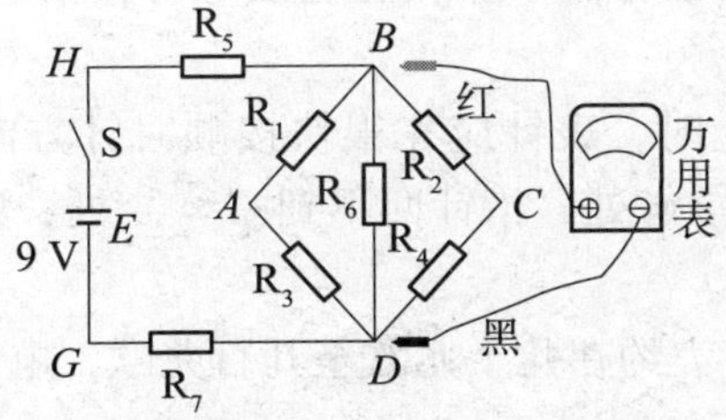

图3-20 实训1线路图

（2）分别以 H 点和 G 点作参考点，用万用表测量 A、B、C、D、H、G 各点的电位值。

5. 思考

（1）测量电路中电压、电位时，如何判定测量值的正负？

（2）电位和电压单位相同，它们的测量方法有什么不同？

3.6.2 实训2：判断二极管、三极管、电解电容器的好坏

1. 目的

（1）熟悉万用表的结构和使用方法。

（2）掌握用万用表判别二极管、三极管好坏的方法。

（3）学会用万用表判断电解电容器的好坏。

2. 材料设备

（1）万用表一台。

（2）电解电容器若干。

（3）二极管、三极管若干。

3. 内容及步骤

（1）判别二极管的好坏。

将万用表转换开关置于欧姆挡的 R × 100 或 R × 1k 位置，进行欧姆调零后，测量二极管，把测量结果填入空格内，并说明二极管的好坏：

①正向电阻为__________，这时与黑表棒相接的是二极管的______极。

②反向电阻为__________，这时与黑表棒相接的是二极管的______极。

③说明二极管的性能好坏：__________。

（2）判别三极管的好坏。

①按照前面所讲的在断电的情况下测试三极管的方法，在电阻挡 R × 1k 上，将黑表笔固定在三极管一个脚，红表笔分别测另两脚，如果出现两次均导通的，黑表笔的脚为基极，而反测均不导通的，则该管为__________（NPN 或 PNP）型。

②如果用红表笔固定在三极管一个脚，黑表笔分别测另两脚，如果出现两次均导通，则红表笔对应为基极，而反测均不导通的，则为__________（NPN 或 PNP）型。

③如果出现以上两种情况以外的情况，则三极管可能已经损坏。如正、反向均导通，则说明三极管已被击穿。

（3）判别电解电容器的好坏。

①将万用表转换开关置于欧姆挡的 R × 100 或 R × 1k 位置，调零后，用两表笔分别接触电容器的两端，若测量电解电容器，黑表笔应接电容器的“正”极，红表笔应接电容器的“负”极，如图 3-21 所示。

②当电容容量在 1μF 以上时，表针应先很快按顺时针方向（$R=0$ 的方向）摆动一下，然后按逆时针方向逐步退回 $R=\infty$ 处。指针回不到“∞”处，则指针所指的阻值就是电容的漏电阻。

③一般电容漏电阻很大，大约在几十兆欧至几百兆欧，电解电容器约为几兆欧，判别电容的好坏。

④在上述测量过程中，表针摆动越大，说明电容容量越大，有时表针甚至会过零位。

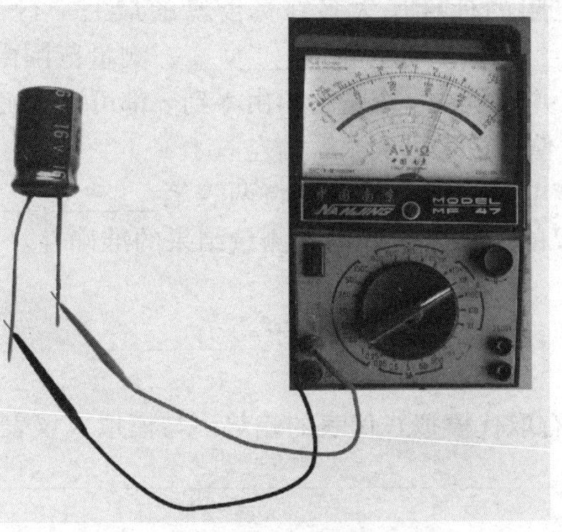

图 3-21 万用表测试电容器

如果接通时表针根本不动，说明电容器内部已开路，如果表针摆动过零后不再返回，则说明电容器已被击穿。

注： 容量较小的（小于0.01 μF）电容器，一般不能用万用表判别其好坏，而对于容量较大的（大于10 μF）电容器，应先将电容器放电后再测量，以防止过大的放电电流损坏表头指针。

3.6.3 练习题

1. 填空题

（1）万用表是一种具有__________和__________的直读式仪表。

（2）模拟式万用表（又称为指针式万用表）一般主要由__________、__________、__________三部分组成。模拟式万用表的测量机构是一个高灵敏度的__________（俗称“表头”），作用是把__________。

（3）模拟式万用表的测量线路的作用是__________，测量线路中使用的元件主要包括__________、__________、__________、__________等。万用表功能越多，测量线路越复杂。

（4）转换开关的作用是把测量线路转换为所需要的__________和__________。

（5）使用万用表测量之前，应先检查表笔位置。红表笔应接在标有__________的接线柱上，黑表笔应接在标有__________的接线柱上。这样，测量直流时总是用红表笔接__________，黑表笔接__________，可以避免因极性接反烧坏表头或撞坏表针。有的万用表另有交、直流500 V的测量端钮，使用时，黑表笔仍接在__________接线柱上，而将红表笔接到__________的接线柱上。

（6）直流电流和直流电压共用一条标度尺，刻度是__________，标度尺的一端或两端标明是__________。交流电压与直流电压的量程一般相同，标度尺多半是__________，线端标有______符号，表示______。它的读数一般仍利用直流标度尺的读数，不过由于氧化铜整流器的内阻在不同电压下不一样，因此交流电压的刻度是__________。

（7）万用表表盘上电阻的标度尺大多在标度盘的最上一行，读数写在线上，右端从________开始，分格__________，到左端为________，测量范围由________到__________。由于向左刻度渐密，所以并不是在一个量程内由零到∞都可以准确地读数，一般可以比较清晰地读出居中电阻的____倍，最大可到____倍左右。

（8）在用万用表测量电阻之前，首先应将两表笔__________，并旋转“调零”旋钮，使指针刚好指在Ω标度尺的______，以保证测量结果的准确性。每变换一次欧姆挡位都要进行__________。

（9）万用表测量完毕，应将转换开关置于__________上。如果万用表长时间不用，要将电池__________。

（10）数字式万用表有取代模拟式仪表的趋势。与模拟式仪表相比，数字式仪表具有以下优点：__________，__________，__________，__________，__________，使用更简单。

2. 判断题

(　　)（1）万用表所用测量机构的满偏电流越大越好。

(　　)（2）万用表用的转换开关大多用多刀多掷开关。

(　　)（3）万用表的测量机构应采用电磁系直流微安表。

(　　)（4）万用表欧姆挡可以测量 0～∞ 之间任意阻值的电阻。

(　　)（5）严禁在被测电阻带电的情况下，用万用表欧姆挡测量电阻。

(　　)（6）万用表使用完毕，最好将转换开关置于最高电压挡或空挡。

3. 选择题

（1）万用表的测量机构通常采用__________。

A. 磁电系直流毫安表　　B. 交、直流两用的电磁系直流毫安表

C. 磁电系直流微安表　　D. 交、直流两用的电磁系直流微安表

（2）转换开关的作用是________。

A. 把各种不同的被测电量转换为微小直流电流

B. 把过渡电量转换为指针的偏转角

C. 把测量线路转换为所需要的测量种类与量程

D. 把过渡电量转换为所需要的测量种类与量程

（3）万用表欧姆标度尺中心位置的值表示____________。

A. 欧姆表的总电阻　　B. 欧姆表的总电源

C. 该挡欧姆表的总电阻　　D. 该挡欧姆表的总电源

（4）万用表欧姆挡的黑表笔与__________相接。

A. 内部电池的负极　　B. 内部电池的正极

C. 测量机构的负极　　D. 测量机构的正极

（5）万用表使用完毕，最好将转换开关置于__________。

A. 随机位置　　B. 最高电流挡

C. 直流电压最高挡　　D. 交流电压最高挡

（6）用万用表电流挡测量被测电路的电流时，万用表应与被测电路________。

A. 串联　　B. 并联

C. 短接　　D. 断开

（7）万用表的基础挡是________。

A. 直流电流挡　　　　B. 直流电压挡

C. 交流电压挡　　　　D. 电阻挡

项目 4　兆欧表

学习目标

（1）了解模拟式兆欧表的构造和工作原理。

（2）掌握兆欧表的使用方法和注意事项。

（3）会用兆欧表测量电缆、电机、变压器等绝缘电阻。

（4）掌握数字式兆欧表的使用。

4.1　模拟式兆欧表的构造及工作原理

兆欧表分数字式和模拟式两种，模拟式兆欧表的外形如图 4-1 所示，由于标度尺以兆欧为单位，所以叫兆欧表。

图 4-1　模拟式兆欧表的外形图

兆欧表的主要组成部分是手摇直流发电机和磁电系流比计。磁电系流比计是一种特殊形式的磁电系测量机构，其结构原理如图 4-2 所示。它有两个可动线圈，但没有游丝，电流用柔软的细金属线引入线圈。这两个可动线圈互成一定角度，装在一个有缺口的圆柱形铁芯外面，并且与指针一起固定在同一转轴上，构成流比计的可动部分。永久磁铁的一个磁极与铁芯之间的气隙不均匀。

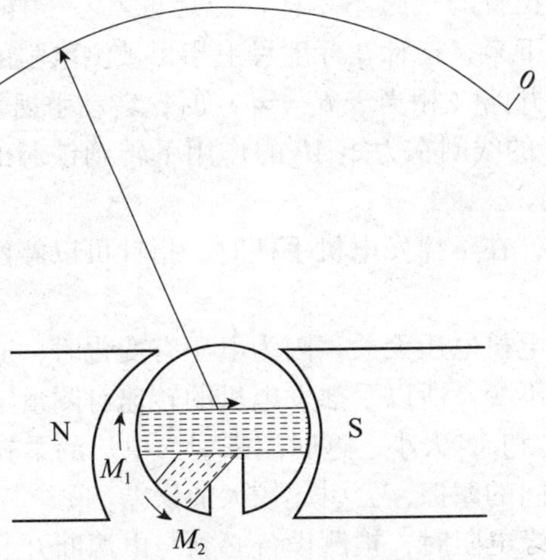

图 4-2 磁电系流比计的结构原理

兆欧表的原理性电路如图 4-3 所示，虚线框内是兆欧表的内部电路，被测绝缘电阻 $\mathrm{R_j}$ 接在兆欧表的“线”和“地”端钮之间。当用手转动手摇发电机的手柄时，发电机发出的电流在 P 点分成两路：电流 I_2 经过附加电阻 R 和一个线圈（线圈电阻为 R_{C2}），电流 I_1 经过被测电阻 $\mathrm{R_j}$ 和另一线圈（电阻为 R_{C1}）。如果发电机端电压为 V，则

$$I_1 = \frac{V}{R_j + R_{C1}} \tag{4-1}$$

$$I_2 = \frac{V}{R + R_{C2}} \tag{4-2}$$

可见电流 I_1 的大小与被测电阻大小有关，而 I_2 与 R_j 无关。

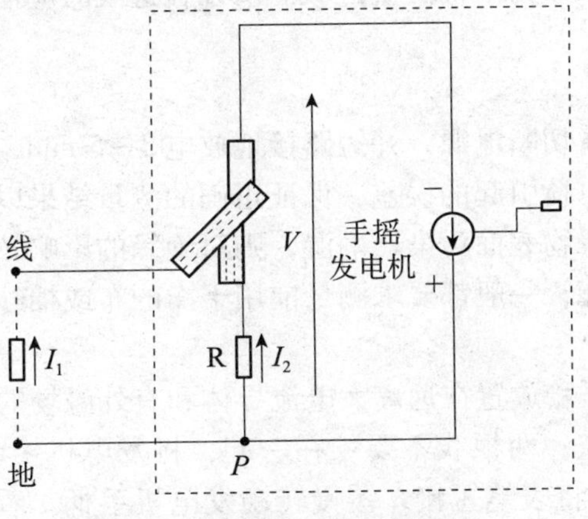

图 4-3 兆欧表的原理性电路

电流 I_1 和 I_2 分别通过两个线圈时，都会受到永久磁铁磁场的电磁力作用。不过由于两个线圈的绕向相反，所以两个力矩是反向的，M_1 是转动力矩，M_2 是反作用力矩（见图 4-2）。从图 4-2 还可以看出，磁极间的空气隙是不均匀的，气隙内的磁场分布当然也不均匀。因此，力矩 M_1 和 M_2 的大小不仅和电流有关，而且与流比计可动部分的偏转角有关。因为偏转

角度不同时，线圈所在位置的气隙不一样，力矩也就不一样，当线圈偏转到 $M_1=-M_2$ 的角度时，可动部分就静止下来，指针在标度尺上指出被测电阻的大小。

当兆欧表的接线端开路（相当于 $R_j=\infty$）时，转动手摇发电机的手柄，电流 $-I_1=0$，而 $I_2\neq0$，于是通有电流 I_2 的线圈在力矩 M_2 的作用下转到铁芯的缺口处（见图 4-2），这时指针就指在“∞”的位置。

兆欧表内没有游丝，在不摇发电机手柄时，指针可以停留在标度尺的任意位置上，这时的读数没有任何意义。

兆欧表的读数与发电机电压无关，因为电压有变化时，通过两个线圈的电流同时按比例增加或减少，电阻读数不变。所以手摇发电机的转速对测量结果没有什么影响。但是如果发电机转得太慢，力矩 M_1 和 M_2 太小，这时用来引入电流的柔软细金属线的弹性就不能忽略不计，加上轴承和轴尖之间的摩擦，会引起较大的误差。

使用兆欧表测量绝缘电阻时，被测设备必须与电源断开。如果测量供电线路导线之间的绝缘电阻，除了断开电源之外，还必须切断负载。

4.2 模拟式兆欧表的使用

4.2.1 兆欧表的正确使用方法

1. 兆欧表的选择

选择兆欧表时，主要是根据不同的电气设备选择兆欧表的电压及其测量范围。对于额定电压在 500 V 以下的电气设备，应选用电压等级为 500 V 或 1000 V 的兆欧表；对于额定电压在 500 V 以上的电气设备，应选用 1 000 ~ 2 500 V 的兆欧表。摇表的表盘刻度线上有两个小黑点，小黑点之间的区域为准确测量区域。所以在选表时应使被测设备的绝缘电阻值落在准确测量区域内。

2. 测试前的准备

测量前，将被测设备切断电源，并短路接地放电 3 ~ 5 min，特别是电容量大的，更应充分放电，以消除残余静电荷引起的误差，保证正确的测量结果以及人身和设备的安全；被测物表面应擦干净，若绝缘物表面污染、潮湿，则对绝缘的影响较大，而测量的目的是为了解电气设备内部的绝缘性能，一般都要求测量前用干净的布或棉纱擦净被测物，否则达不到检测的目的。

兆欧表在使用前应平稳放置在远离大电流导体和有外磁场的地方。测量前，应对兆欧表本身进行检查。开路检查：两根线不要绞在一起，将发电机摇动到额定转速，指针应指在“∞”位置。短路检查：将表笔短接，缓慢转动发电机手柄，看指针是否到“0”位置，若无穷大或零位达不到，说明兆欧表有毛病，必须进行检修。

3. 接线

一般兆欧表上有三个接线柱（L：线路端、E：接地端、G：屏蔽端），“L”表示“线”或“火线”接线柱；“E”表示“地”接线柱，“G”表示屏蔽接线柱。一般情况下使用“L”和“E”接线柱，用有足够绝缘强度的单相绝缘线将“L”和“E”接线柱分别接到被测物导体部分和被测物的外壳或其他导体部分（如测相间绝缘）。

在特殊情况下，如被测物表面受到污染不能擦干净、空气太潮湿，或者有外电磁场干扰等，就必须将“G”接线柱接到被测物的金属屏蔽保护环上，以消除表面漏流或干扰对测量结果的影响。

4. 测量

摇动发电机手柄，使转速达到额定转速（120 r/min）并保持稳定。一般以一分钟以后的读数为准，当被测物电容量较大时，应延长读数时间，以指针稳定不变时为准。

5. 拆线

在兆欧表没停止转动和被测物没有放电以前，不能用手触及被测物和进行拆线工作，必须先将被测物对地短路放电，然后再停止兆欧表的转动，以防止电容放电损坏兆欧表。读数完毕，一边慢摇，一边拆线，然后将被测设备放电。放电方法是将测量时使用的地线从摇表上取下来，与被测设备短接即可（不是摇表放电）。

注意：测量电动机的绝缘电阻时，“E”端接电动机的外壳，“L”端接电动机的绕组。

4.2.2 兆欧表测量电器绝缘时注意事项

（1）兆欧表使用时必须平放。禁止在雷电时或在高压设备附近测绝缘电阻，只能在设备不带电，也没有感应电的情况下测量。摇测过程中，被测设备上不能有人工作。

（2）兆欧表转速为 120 r/min。兆欧表线不能绞在一起，要分开。兆欧表未停止转动之前或被测设备未放电之前，严禁用手触及。拆线时，也不要触及引线的金属部分。

（3）自查校表。开路试验：兆欧表转数达到 120 r/min，指针应在“∞”处；短路：慢慢地转动兆欧表，指针应在“0”处。测量结束时，大电容设备要放电。要定期校验兆欧表的准确度。

（4）电动机的绕组间、相与相、相与外壳的绝缘电阻应≥0.5 MΩ。移动电动工具的绝缘电阻应≥2 MΩ。

（5）测量线路绝缘时：相与相≥0.38 MΩ，相与零≥ 0.22 MΩ。

（6）中小型电动机一般选用 500～1 000 型兆欧表。

（7）若测得某相电阻是零的话，说明该相已短路。

（8）若测得某相电阻是 0.1 MΩ 或 0.2 MΩ 的话，则说明该相绝缘电阻性能已降低。

（9）电气设备的绝缘电阻是越大越好。

警告：仪表或设备中，当电动机或线路的绝缘电阻性能降低、短路时，需要维修，不能使用 。

4.3 数字式兆欧表

数字式兆欧表（见图 4-4）具有容量大、抗干扰强、指针与数字同步显示、交直流两用、操作简单、自动计算各种绝缘指标（吸收比、极化指数）、各种测量结果具有防掉电功能等特点。

如果用万用表来测量设备的绝缘电阻，那么测得的只是在低压下的绝缘电阻值，不能真正反映在高压条件下工作时的绝缘性能。数字式兆欧表与万用表的不同之处在于它本身带有电压较高的电源，电压为 500～5 000 V。因此，用数字式兆欧表测量绝缘电阻，能得到符合实际工作条件的绝缘电阻值。

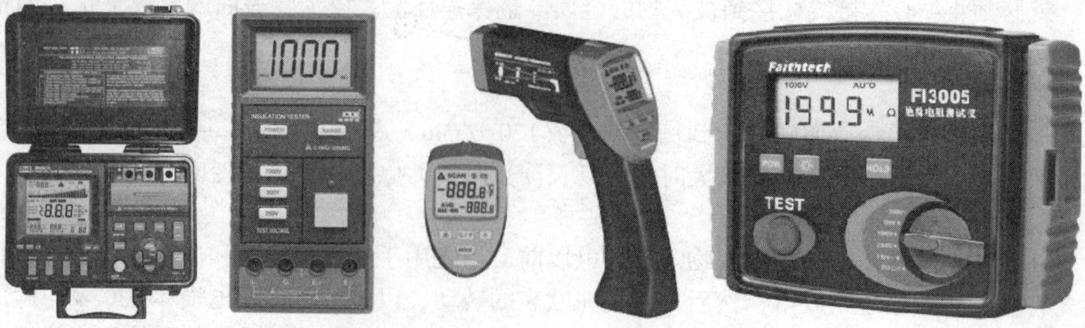

图 4-4 数字式兆欧表

1. 数字式兆欧表的使用注意事项

（1）使用数字式兆欧表测量前，要先切断被测设备的电源，并将设备的导电部分与大地接通，进行充分放电，以保证安全。

（2）用数字式兆欧表测量过的电气设备，也要及时接地放电，方可进行再次测量。

（3）测量前要先检查数字式兆欧表是否完好，即在数字式兆欧表未接上被测物之前，打开电源开关，检测数字式兆欧表电池情况，如果数字式兆欧表电池欠压，应及时更换电池，否则测量数据不可取。

（4）将测试线插入接线柱“线（L）”和“地（E）”，选择测试电压，断开测试线，按下测试按键，观察显示数字是否显示无穷大。将接线柱“线（L）”和“地（E）”短接，按下测试按键，观察是否显示“0”。如液晶屏不显示“0”，表明数字式兆欧表有故障，应检修后再用。

（5）必须正确接线。数字式兆欧表上一般有三个接线柱，分别标有“L（线路）”“E（接地）”和“G（屏蔽）”。其中“L”接在被测物和大地绝缘的导体部分，“E”接被测物的外壳或大地，“G”接在被测物的屏蔽上或不需要测量的部分。接线柱 G 是用来屏蔽表面电流的。如测量电缆的绝缘电阻时，由于绝缘材料表面存在漏电电流，将使测量结果不准，尤其是在湿度很大的场合及电缆绝缘表面又不干净的情况下，会使测量误差很大。为避免表面电流的影响，在被测物的表面加一个金属屏蔽环，与数字式兆欧表的“屏蔽（G）”接线柱相连。这样，表面漏电流 I_B 从发电机正极出发，经接线柱 G 流回发电机负极而构成回路。I_B 不再经过兆欧表的测量机构，因此从根本上消除了表面漏电流的影响。

（6）接线柱与被测设备间连接的导线不能用双股绝缘线或绞线，应该用单股线分别单独连接，避免因绞线绝缘不良而引起误差。

（7）为获得准确的测量结果，被测设备的表面应用干净的布或棉纱擦拭干净。

（8）测量具有大电容设备的绝缘电阻时，读数后不能立即断开兆欧表，否则已被充电的电容器将对兆欧表放电，有可能烧坏兆欧表。在读数后应首先断开测试线，然后再停止测试，在兆欧表和被测物充分放电以前，不能用手触及被试设备的导电部分。

（9）测量设备的绝缘电阻时，还应记下测量时的温度、湿度、被试物的有关状况等，以便于对测量结果进行分析。

图 4-5 所示是使用数字式兆欧表的情况。

图 4-5　数字式兆欧表的使用情况

2. 数字式兆欧表的选择

数字式兆欧表的选择，主要是选择它的电压及测量范围。高压电气设备绝缘电阻要求高，须选用电压高的兆欧表进行测试（见图 4-6）；低压电气设备内部绝缘材料所能承受的电压不高，为保证设备安全，应选择电压低的数字式兆欧表。

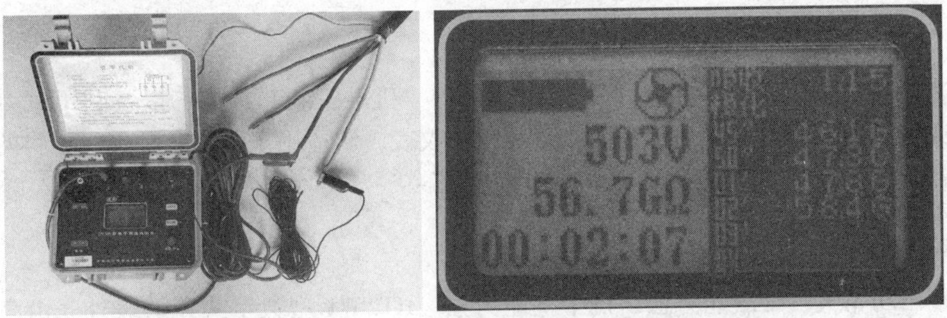

图 4-6　DM50b 型数字式高压兆欧表测量电缆绝缘接线及示数

3. HT2671 型数字式兆欧表

下面简单介绍一下较常见的 HT2671 型数字式兆欧表（见图 4-7）的功能特点和技术指标等信息。

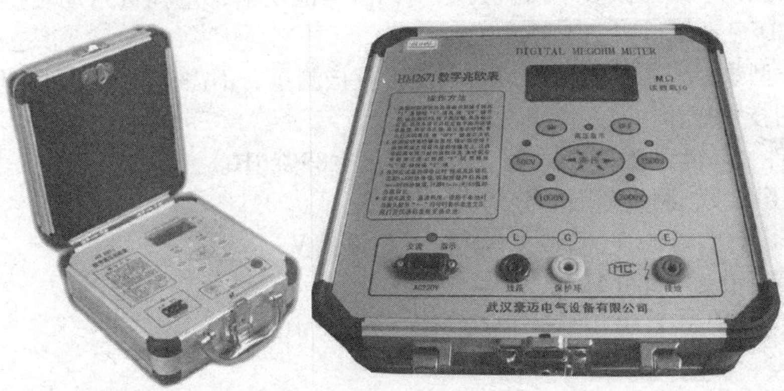

图 4-7　HT2671 型数字式兆欧表

1）仪表工作原理

HT2671 型数字式兆欧表由中大规模集成电路组成，输出功率大，短路电流值高，输出电压等级多（有四个电压等级）。工作原理为由机内电池作为电源经 DC/DC 变换产生的直流高压由 E 极出经被测对象到达 L 极，从而产生一个从 E 极到 L 极的电流，经过 I/V 变换，经除法器完成运算后直接将被测对象的绝缘电阻值由 LCD 显示出来，其电路框图如图 4-8 所示。

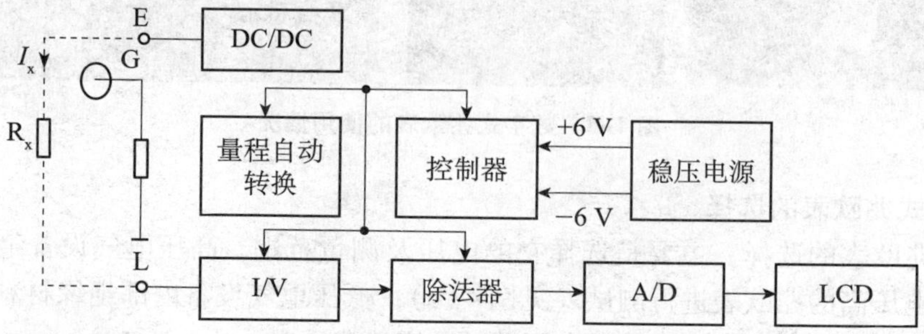

图 4-8　HT2671 型数字式兆欧表电路框图

2）仪表使用范围

HT2671 型数字式兆欧表是电力、邮电、通信、机电安装和维修，以及利用电力作为工业动力或能源的工业企业部门常用而必不可少的仪表，它适用于测量各种绝缘材料的电阻值及变压器、电机、电缆、电气设备等的绝缘电阻。

3）仪表的功能特点

HT2671 型数字式兆欧表具有以下特点。

①输出功率大、带载能力强，抗干扰能力强。HT2671 型数字式兆欧表外壳由高强度铝合金组成，机内设有等电位保护环和四阶有源低通滤波器，对外界工频及强电磁场可起到有效的屏蔽作用。对容性试品测量由于输出短路电流大于 1.6 mA，很容易使测试电压迅速上升到输出电压的额定值。对于低阻值测量，由于采用比例法设计，故电压下落并不影响测试精度。

②HT2671 型数字式兆欧表不需人力做功，由电池供电，量程可自动转换。一目了然的面板操作和 LCD 显示使得测量十分方便和迅捷。

③HT2671 型数字式兆欧表输出短路电流可直接测量，不需带载测量进行估算。

4）仪表的技术指标

①使用条件：环境温度 0 ~ +45℃，相对湿度≤85% RH。

②输出电压等级、测量范围、分辨率、误差：

· 输出电压等级：100 V，250 V，500 V，1 000 V；

· 测量范围：0 ~ 19 990 MΩ；

· 分辨率：0.01 MΩ，0.1 MΩ，1.0 MΩ，10.0 MΩ；

· 相对误差：≤±4% ±1d。

③输出最高电压带载能力及短路电流：

· 电压/负载：1 000 V/20 MΩ；

· 电压跌落：约 10%；

· 短路电流：>1.6 mA。

④电源适用范围、功耗：

· 直流：8×1.5 V（AA，R6）电池或充电电池；

· 交流：220 V/50 Hz；

· 功耗：静态功耗≤160 mW；最大功率≤2.5 W。

⑤体积与重量：

· 体积：235 mm（L）×200 mm（W）×135 mm（D）；

· 质量：<1.4 kg。

5）仪表使用说明

（1）测量步骤

开启电源开关“ON/OFF”键，选择所需电压等级，开机默认为100 V挡，选择所需电压挡位，对应指示灯亮，轻按一下高压“启停”键，高压指示灯亮，LCD显示的稳定数值乘以10即为被测对象的绝缘电阻值。当试品的绝缘电阻值超过仪表量程的上限值时，显示屏首位显示“1”，后三位不显示。关闭高压时只需再按一下高压“启停”键，关闭整机电源时按一下电源“ON/OFF”键。

注意：测量时，由于试品有吸收、极化过程，绝缘电阻值读数逐渐向大数值漂移或有一些上下跳动，属正常现象。

（2）接线端子符号含义

测量绝缘电阻时，线路“L”与被测物同大地绝缘的导电部分相接，接地“E”与被测物体外壳或接地部分相接，屏蔽“G”与被测物体保护遮蔽部分相接或与其他不参与测量的部分相接，以消除表泄漏所引起的误差。测量电气产品元件之间的绝缘电阻时，可将“L”和“E”端接在任一组线头上进行，如测量发电机相间绝缘时，三组可轮流交换，空出的一相应安全接地。

6）仪表使用注意事项

（1）使用仪表前应先检查仪表好坏，火地绝缘电阻的指针或数值应显示为0，开路为无穷大。使用时，将仪表放置平稳，针对不同设备选择合适的电压等级。

（2）被测物体为正常带电体时，必须先断开电源。测量前、后，应将设备对地多次充分放电后，否则会危及人身、设备安全。本表E、L端子之间开启高压后有较高的直流电压，在进行测量操作时人体各部分不可触及测量端。

（3）测试过程中，应先打开仪表高压，然后将L端接被测设备，读数完毕后，先断开L端与被测设备的连接，然后关闭高压。

（4）本仪表为交、直流两用，不接交流电时，仪表使用电池供电，接入交流电时，优先使用交流电。为保证安全，在高压指示灯熄灭后拆除接线前，必须人工放电，确保被测设备不带电时方可拆下接线。

（5）当表头左上角显示“←”或显示电池符号时，表示电池电压不足，应更换新电池或进行充电。仪表长期不用时，应将电池全部取出，以免锈蚀仪表。

（6）测量结果判断应考虑温度、湿度、放电时间等对测量结果的影响，必要时采用屏蔽接线。

（7）存放保管仪表时，应注意环境温度和湿度，以放在干燥、通风的地方为宜，要防尘、防潮、防震、防酸碱及腐蚀性气体。

4.4 知识点总结

（1）兆欧表是专门用来测量电气设备、电力线路绝缘电阻的便携式仪表。

（2）兆欧表的主要结构是手摇直流发电机和磁电系流比计。

（3）兆欧表的选择，要根据所测电气设备的额定电压来确定。

（4）测量是在被测设备不带电情况下进行的，且大型感性设备、容性高压设备和较长线路电缆测量前、后要进行充分放电。测大电容设备绝缘电阻时，须先将被测物对地放电，然后停止摇动兆欧表。

（5）兆欧表使用前应进行开路、短路检查。

（6）兆欧表有 L、E、G 三个接线柱，一般测量用两个：L 接线，E 接地，如被测量物表面不洁，再用屏蔽接线柱 G。

（7）摇动手柄要由慢到快（发现指针指零时说明有短路，应立即停止），转速达 120 r/min时读数。

（8）测量时要严格按操作要求进行。

4.5 实训与练习

4.5.1 实训：绝缘电阻的测量

1. 目的

（1）了解兆欧表的结构和工作原理。

（2）掌握用兆欧表测量电力电缆芯线绝缘电阻和变压器一、二次线圈的绝缘电阻的方法。

2. 材料仪器

（1）兆欧表 500 V 或 1 000 V。

（2）电力电缆：四芯、三芯若干。

（3）连接导线。

（4）变压器。

3. 接线方式

测量电力电缆芯线绝缘电阻的电路如图 4-9 所示。

测量变压器高压对低压与地绝缘的电路如图 4-10 所示。

测量变压器低压对高压与地的绝缘电路如图 4-11 所示。

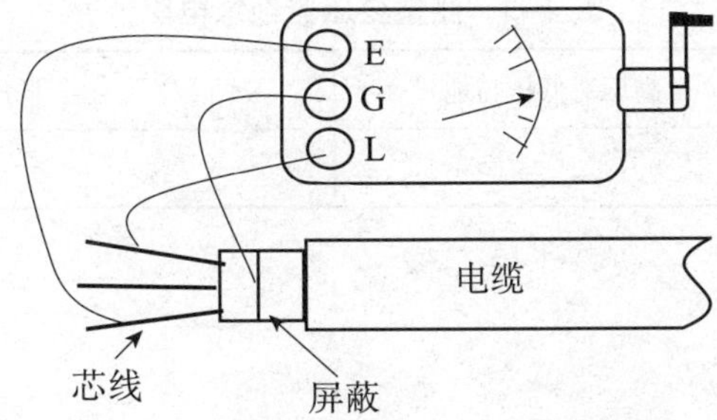

图 4-9　绝缘电阻测量仪测量电缆接线图

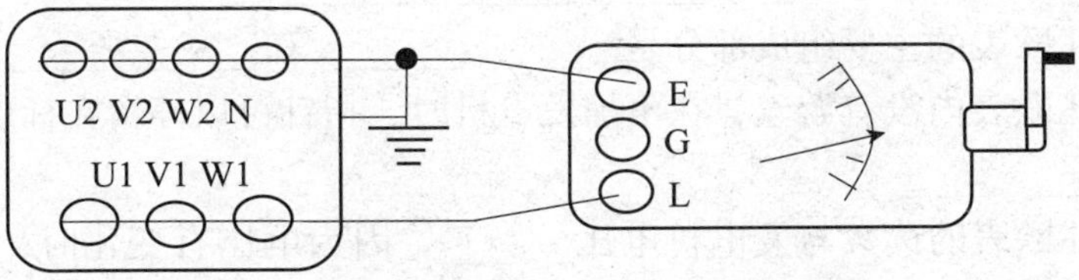

图 4-10　测量变压器高压对低压与地绝缘的电路

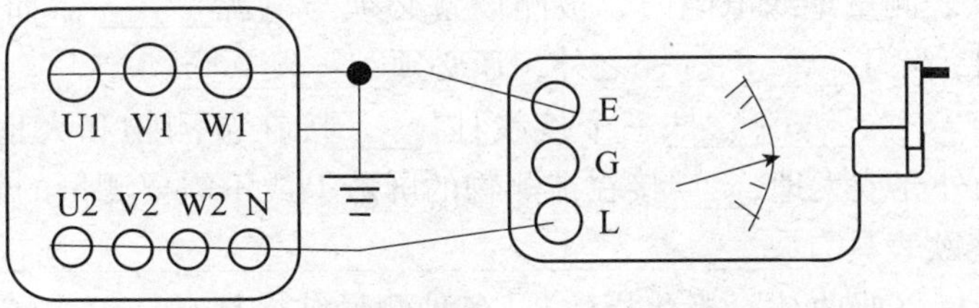

图 4-11　测量变压器低压对高压与地绝缘的电路

4. 测量步骤

（1）将兆欧表放平，对兆欧表进行检查。“短路试验”：L、E 短接，轻摇兆欧表，使指针指向零。“开路试验”：L、E 分开，快摇兆欧表，使指针指向无穷大。

（2）按图 4-9 接好线，分别测量相线与相线之间、相线与中性线之间、相线与地之间的绝缘电阻，并记入表 4-1 中。

（3）按图 4-10 接线，分别测量高压线圈对低压及地之间的绝缘电阻和低压线圈对高压线圈及地的绝缘电阻，并记入表 4-2 中。

（4）测量过程中，要注意摇表的转速，每分钟 120 转时读数。

（5）测量前、后，要分别对所测电缆或变压器进行充分放电。

表 4-1　测量电力电缆绝缘电阻

测量内容	U-V	V-W	W-V	U-N	V-N	W-N
测量内容	U-地	V-地	W-地	N-地		

表 4-2　测量变压器绝缘电阻

测量内容	高压对低压与地	低压对高压与地

4.5.2　练习题

1. 填空题

（1）兆欧表又叫______，是用来测量________的直读式仪表，标度尺以________为单位，所以叫兆欧表。常用来测量________________________。

（2）模拟式兆欧表的主要组成部分是______________和_____________。

（3）模拟式兆欧表内没有游丝，在不摇发电机时，指针可以停留在标度尺的________，这时的读数______________。

（4）模拟式兆欧表的读数与发电机电压______，因为电压有变化时，通过两个线圈的电流同时按比例增加或减少，电阻读数____。所以手摇发电机的转速对测量结果________。但是如果发电机转得太慢，会引起__________。

（5）使用兆欧表测量绝缘电阻时，被测设备必须与电源______。如果测量供电线路导线之间的绝缘电阻，除了__________之外，还必须__________。

（6）兆欧表有____、____、____三个接线柱，____接在被测物和大地绝缘的导体部分，______接被测物的外壳或大地，____接在被测物的屏蔽上或不需要测量的部分。

（7）数字式兆欧表具有________、__________、__________、__________、________、自动计算各种绝缘指标（吸收比、极化指数）、各种测量结果具有________功能等特点。

（8）如果用万用表来测量设备的绝缘电阻，那么测得的只是____________，不能真正反映在__________条件下工作时的绝缘性能。

（9）数字式兆欧表是本身带有电压较高的电源，电压为____________。

（10）数字式兆欧表的选择，主要是选择它的_________及____________。

（11）兆欧表使用前应进行________检查、________检查。

2. 判断题

（　　）（1）电气设备的绝缘电阻可用万用表的 R×10k 挡测量。

（　　）（2）兆欧表的测量机构采用磁电系仪表。

（　　）（3）兆欧表的测量机构气隙内的磁场是非均匀磁场。

（　　）（4）测量电气设备的对地电阻时，应将 L 接到被测设备上，E 可靠接地即可。

3. 选择题

（1）测量电气设备的绝缘电阻可选用________。

A. 万用表　　　　B. 电桥

C. 兆欧表　　　　D. 伏安法

（2）磁电系比率表指针偏转角与______有关。

A. 通过两个线圈的电流大小　　　　B. 手摇发电机的电压高低

C. 通过两个线圈电流的比率　　　　D. 游丝的倔强系数

(3) 兆欧表的额定转速为________r/min。

A. 50　　B. 80

C. 120　　D. 150

(4) 兆欧表与被测设备之间连接的导线应用________。

A. 双股绝缘线　　B. 绞线

C. 任意导线　　D. 单股线分开单独连接

(5) 使用兆欧表测量前________。

A. 要串联接入被测电路　　B. 不必切断电气设备的电源

C. 要并联接入被测电路　　D. 必须先切断被测设备的电源

(6) 兆欧表屏蔽端钮的作用是________。

A. 屏蔽被测物体表面的漏电流　　B. 屏蔽外界干扰磁场

C. 保护兆欧表，以避免其线圈烧毁　　D. 屏蔽外界干扰电场

项目 5　接地电阻测量仪

学习目标

（1）了解接地电阻测量仪的结构与原理。

（2）了解测量接地电阻的意义。

（3）掌握用仪表测量接地电阻的方法。

（4）会使用数字式接地电阻测量仪。

5.1　接地电阻测量仪的构造及工作原理

ZC29 型接地电阻测量仪由手摇发电机、电流互感器、滑线电阻、检流计等组成，全部机构装于铝合金铸造的壳体内，并采用携带式皮包。附件有接地探棒及连接导体等。该仪器的外形如图 5-1 所示。

图 5-1　ZC29 型接地电阻测量仪外形图

该仪器根据补偿原理制成，其测量线路如图 5-2（a）所示。其中，E 为接地体，P 是电位辅助电极，C 是电流辅助电极。被测的接地电阻 R_x 就是 E 和 P 之间的土壤散流电阻。电极 C 处的散流电阻为 R_C。E 和 P 之间距离要大于 20 m，P 和 C 之间距离也应大于 20 m。

手摇发电机 F 输出的电流 I_1，流经电流互感器 T 的一次线圈、接地体 E 和辅助电极 C

构成闭合回路。在接地电阻 R_x 上造成的压降为 I_1R_x ，在辅助电极 C 处的接地电阻 R_c 上造成的压降为 I_1R_c ，地面上各点的电位分布图如图 5–2（b）所示。

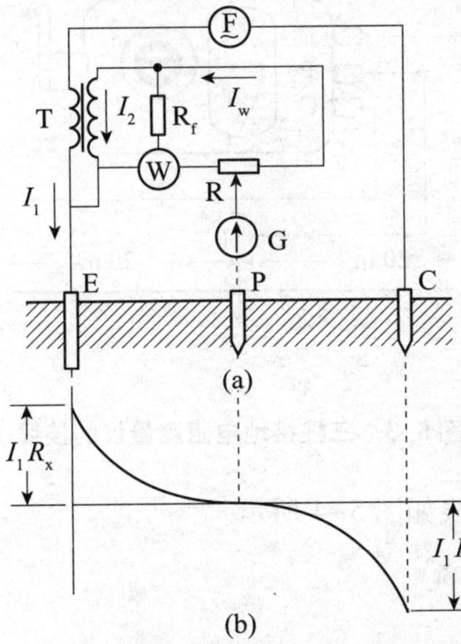

图 5–2　接地电阻测量线路及电位分布图

电流互感器二次电流 I_2，被分流电阻 R_f 分流后，通过电位器 W 的电流为 I_w，在电位器滑动点右侧电阻 R 上产生的压降为 I_wR ，调节电位器 W 进行补偿，使检流计 G 的电流为零，则

$$I_1R_x = I_wR \tag{5-1}$$

于是得出接地电阻值的计算公式：

$$R_x = (I_w/I_1)R = (I_2/I_1)(I_w/I_2)R = K_1K_2R \tag{5-2}$$

式（5–2）中，K_1 为电流互感器电流比的倒数，K_2 是二次电流的分流系数。

由式（5–2）可知，被测接地电阻值的大小，取决于 K_1、K_2、R 三个参数，而与辅助电极的接地电阻 R_c 无关。一般情况下，K_1、K_2 是已知的，这时只要根据 R 的大小，按计算公式所得数值刻度，就能在仪器上直接读出接地电阻的大小。

该仪器在检流计电路中接入了电容器，故在测量时不受土壤里直流电流的影响。发电机的频率为 90 Hz，可以避免市电杂散电流的干扰。

5.2　接地电阻测量仪的使用

5.2.1　接地电阻测量仪的接线

接地电阻测量仪接线柱有两种：三柱和四柱。三柱接地电阻测量仪的接线如图 5–3 所示。其中，表柱“E”与被测电极用导线相连，电流探针 C′用较长导线与表柱“C”（按直线布置，导线长 40 m）相连，电压探针 P′用较短导线（按直线布置，导线长 20 m）与表柱“P”相连。

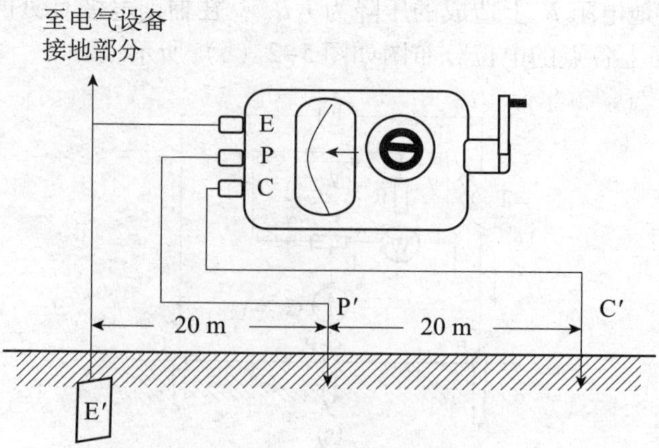

图 5-3　三柱接地电阻测量仪的接线

四柱接地电阻测量仪的接线如图 5-4 所示。

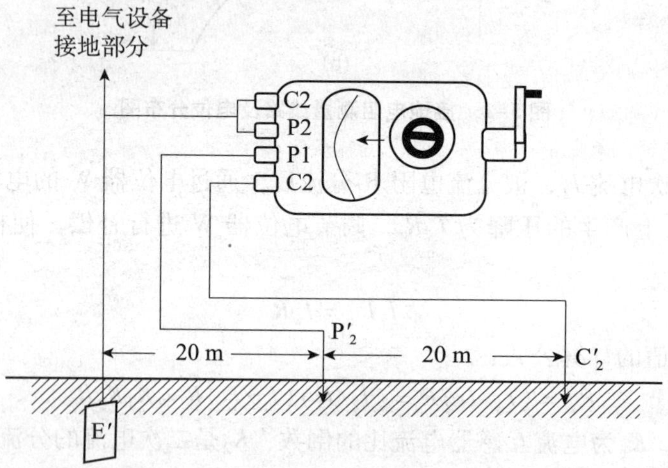

图 5-4　四柱接地电阻测量仪的接线

5.2.2　接地电阻测量仪的操作步骤

（1）测量前将仪表放平，然后调零，使指针指在红线上。

（2）将仪表与被测物体连接。三柱接地电阻测量仪的接线如图 5-3 所示，即将被测接地体 E′和端柱 E 连接，电位探针 P′和电流探针 C′分别与端柱 P、C 连接后，沿直线相距 20 m插入地中。四柱接地电阻测量仪的接线如图 5-4 所示。

（3）将倍率开关放在最大倍数上，缓慢摇动发电机的手柄，同时转动“测量标度盘”，直至指针停在中心红线处。当检流计接近平衡时，即加快发电机的转速至其额定转速（120 r/min），调节“测量刻度盘”，使指针稳定地指在红线位置，然后即可读数，如图 5-5所示。

（4）如测量刻度盘的读数小于 1，应将倍率开关放在较小的一挡，然后重新测量。当指针不动时，停止摇动手柄，然后读数。测量的接地电阻值＝刻度盘上的读数×表的倍率。判

图 5-5 接地电阻测量仪读数

断接地电阻值是否合格。

（5）被测接地电阻小于 1 Ω 时，为了消除接线电阻和接触电阻的影响，宜采用四柱接地电阻测量仪。测量时将端柱 C2 和 P2 的短接片打开，分别用导线接到接地体上，并使端钮 P2 接在靠近接地体的一侧，如图 5-6 所示。

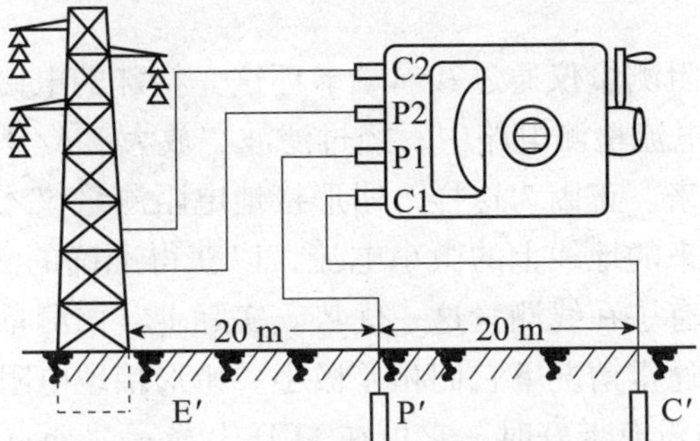

图 5-6 测量小接地电阻时的接线

5.3 钳形接地电阻测量仪

5.3.1 钳形接地电阻测量仪简介

钳形接地电阻测量仪（见图 5-7）又称钳形地阻表，这是一种新颖的测量工具，它方便、快捷，外形酷似钳形电流表，测试时不需要辅助测试桩，只需往被测地线上一夹，几秒钟即可获得测量结果，极大地方便了地阻测量工作。钳形接地电阻测量仪还有一个很大的优点，就是可以对在用设备的地阻进行在线测量，而不需要切断设备电源或断开地线。

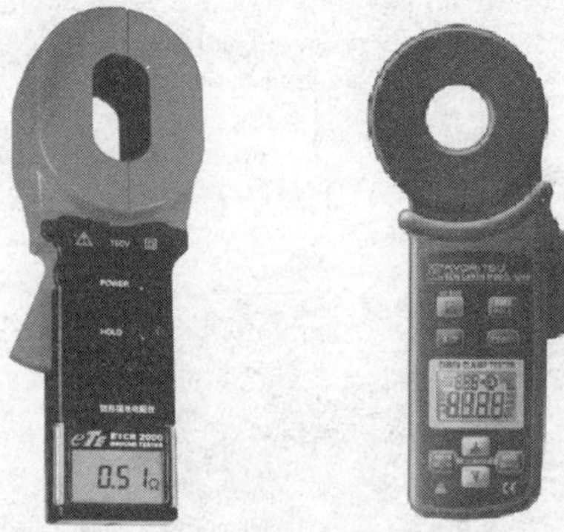

图 5-7 钳形接地电阻测量仪

钳形接地电阻测量仪的面板如图 5-8 所示。

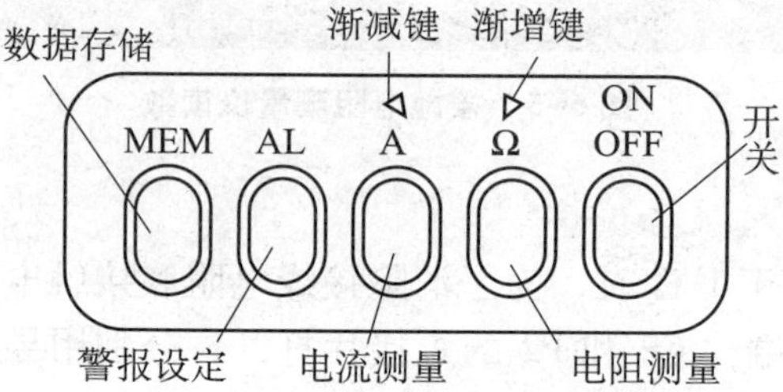

图 5-8 钳形接地电阻测量仪的面板

事实上，钳形接地电阻测量仪通过其前端卡环这一特殊的电磁变换器送入线缆的是 1.7 kHz 的交流恒定电压，在电流检测电路中，经过滤波、放大、A/D 转换，只有 1.7 kHz 的电压所产生的电流被检测出来。正因为这样，钳形接地电阻测量仪才排除了商用交流电和设备本身产生的高频噪声所带来的地线上的微小电流，以获得准确的测量结果，也正因为如此，钳形接地电阻测量仪才具有了在线测量这一优势。实际上，该测量仪测出的是整个回路的阻抗，而不是电阻，不过在通常情况下它们相差极小。钳形接地电阻测量仪可即刻将结果显示在 LCD 显示屏上，当卡口没有卡好时，它可在 LCD 上显示“open jaw”或类似符号。图 5-9 所示是钳形接地电阻测量仪测量接地电阻的情形。

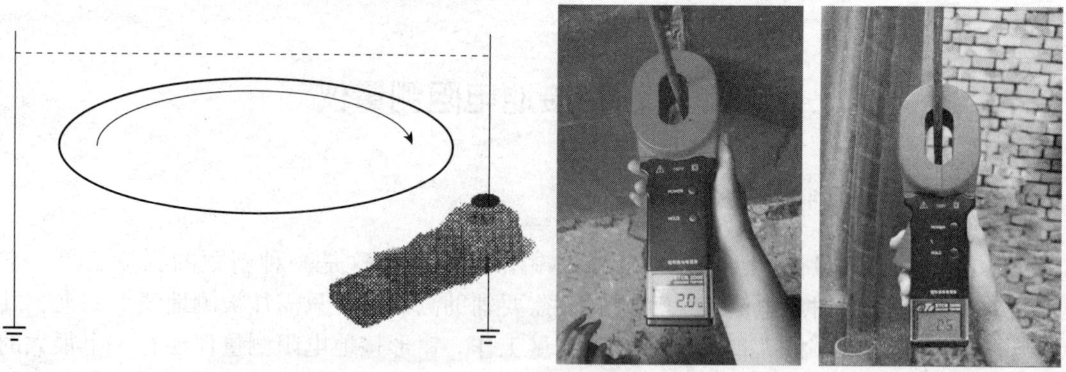

图 5-9 钳形接地电阻测量仪测量接地电阻

由于钳形接地电阻测量仪的特殊结构，它可以很方便地作为电流表使用，很多这类仪表同时具有钳形电流表的功能。另外，虽然钳形接地电阻测量仪测试时使用一定频率的信号以排除干扰，但在被测线缆上有很大电流存在的情况下，测量也会受到干扰，导致测量结果不准确。所以，按照要求，在使用时应先测线缆上的电流，只有在电流不是非常大时才可进一步测量地阻。有些仪表在测量地阻时自动进行噪声干扰检测，当干扰太大以致测量不能进行时会给出提示。

5.3.2 钳形接地电阻测量仪测量注意事项

从上面的介绍可以看出，钳形接地电阻测量仪和手摇式地阻表的测量原理完全不同。手摇式地阻表在使用时，应将接地桩与设备断开，以避免设备自身接地体影响测量的准确性，手摇式地阻表可获得较高的精度，而不管是单点接地系统还是多点接地系统。对于钳形接地电阻测量仪，其最理想的应用是用在分布式多点接地系统中，此时应对接地系统的所有接地桩依次进行测量，并记录下测量结果，然后进行对比，对测量结果明显大于其他各点的接地桩，要着重检查，必要时将该接地桩与设备断开后用手摇式地阻表进行复测，以暴露出不良的接地桩。

在单点接地系统中应慎用钳形接地电阻测量仪，因为钳形接地电阻测量仪测出的电阻值是回路中的总电阻，只有当被测接地桩的地阻远远大于其他接地桩并联后的总地阻时，该阻值才近似于我们要测的接地桩地阻，而这个条件，在很多情况下，尤其是在单点接地系统中是不满足的。对于已埋设好而尚未与设备连接的开路接地桩，其地阻根本不能用该仪表进行测量。

5.3.3 HT5600型双钳多功能钳形接地电阻测试仪

1. 基本功能

优良的接地系统是电力、电信、电气设备安全可靠运行的重要保证。接地电阻大小是接地系统品质优劣的评判依据。精确、快速、简捷、可靠的接地电阻测量方法，已成为防雷接地领域内技术进步的迫切需要。HT5600型双钳多功能钳形接地电阻测试仪适用于电信、电力、气象、机房、电力配电线路、铁塔输电线路、加油站、工厂接地网、避雷针等。

该仪器除了具有传统打辅助地极测接地电阻的功能外，还具备了无辅助地极测量的独特功能，改变了传统的接地电阻测量原理和手段：采用双钳口非接触测量技术，无须打辅助地极，也无须将接地体与负载隔离，实现了在线测量。在单点接地系统、干扰性强等条件下，可以采用打辅助地极的测量方式进行测量。

2. 主要特点

（1）双钳法/地桩法双重测量方式：适合任意接地场所，多点或单点接地，都可正常测试。

（2）抗干扰能力强：自产生高频电流，从而过滤市电中50 Hz、100 Hz等谐波干扰电流，即使在500 kV变电站环境下，也能精确测量。

（3）测量范围广、分辨率高：量程从0.01 ~1 000 Ω，分辨率为0.01 Ω，对0.7 Ω以下接地电阻也能准确测量。

（4）大钳口设计：钳口直径50 mm（标准配置），满足用扁铁/钢作接地引线的情况，特殊钳口尺寸可按客户要求定制。

（5）大容量数据存储：可储存 200 组测量数据。

（6）操作简单，单人作业：全中文操作界面，体积小，质量轻，配防爆便携箱，野外测量携带方便。

3. 主要技术指标

（1）接地电阻测量范围：

· 双钳法：0.01 ~1 000 Ω；

· 地桩法：0.01 ~1 000 Ω。

（2）误差：

· 双钳法：±2% ±2 个字；

· 地桩法：±1.5% ±2 个字。

（3）最小分辨率：0.01 Ω。

（4）钳口尺寸：ϕ50 mm。

（5）存储容量：200 组数据。

（6）工作温度：0 ~ + 50°C。

（7）电源：8 节 5 号镍氢充电电池或普通 AA 电池。

（8）质量：0.8 kg（含电池）。

（9）尺寸：265 mm×130 mm×65 mm。

4. 面板功能

（1）按键功能

本机共设七个按键，具体功能如下：

①“电源”：电源开关键；在开机后，5 min 不做任何操作，会自动关机。

②“双钳法▲”：在多点接地的接地网中，用这种方式进行测量。另外，在其他功能时，此键为向上光标或增加键。

③“地桩法▼”：按此键采用打辅助地桩的方式测量接地电阻。另外，在其他功能时，此键为向下光标或减小键。

④“◄”：光标左移键。

⑤“►”：光标右移键。

⑥“测试”：在双钳法或地桩法测量时，按此键开始测量。

⑦“确认”：按此键进入选定的功能。

（2）测试端口

测试端口的面板接线柱如图 5-10 所示。

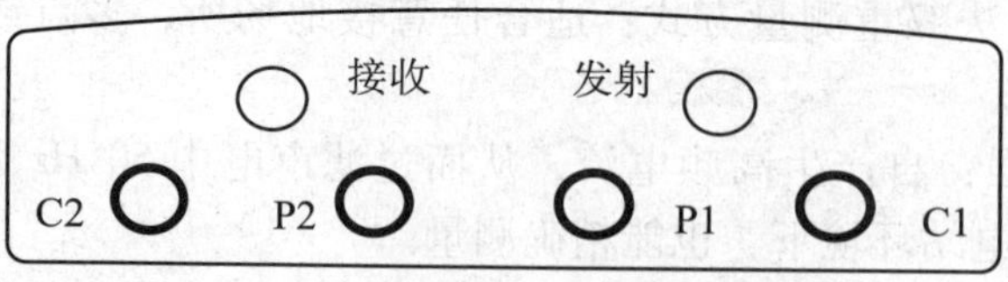

图 5-10　测试端口的面板接线柱

该仪表与外界连接的接口有两组：双钳法使用上部的“接收”和“发射”两个航插孔；地桩法使用下部的“C2”“P2”、“P1”和“C1”四个插孔。

充电插孔位于仪器的左下方，当仪表显示屏左上角的电量指示变低时，请用专用充电器进行充电。该充电器为智能充电器，当电池充满时，充电器指示灯熄灭，自动停止对电池充电，有效防止电池过充。

注意：仪表长期不用时，应定期对电池进行充电（如两个月），避免电池因过度放电而损坏。用普通电池时，切勿充电。

5. 测量原理及使用方法

1）双钳法

（1）优缺点

此方法的优点在于：一是操作简单，可以在不断开待测设备电源，在其正常工作时进行测量，不必插入测量探头，也不必将被测电极分开，只需要双钳夹着接地导体就可以测出其接地电阻。二是精度高，其精度可以达到0.01 Ω。三是抗干扰能力强，可以滤出各种工频谐波。四是可以作为打地桩方式的补充。在很多条件下（如房屋密集或铺满水泥的地区），很难甚至不可能采用打接地桩的方式对接地电阻进行测量，使用双钳法，不用打接地桩也能进行测量。该方法唯一的不足是：不能够直接对单点接地系统进行测量，在单点接地系统中应慎用钳形接地电阻测量仪。

（2）测量原理

本仪表配有两个钳口：电压钳和电流钳，如图5-11所示。电压钳在被测回路中激励出一个感应电势 E，并在被测回路产生电流 I，仪表通过电流钳可以测得 I 值。通过对 E、I 的测量，由欧姆定律：$R=E/I$，即可求得 R 值。

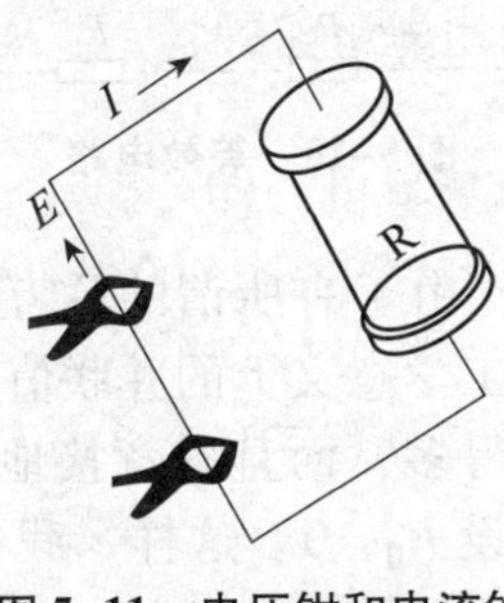

图5-11　电压钳和电流钳

（3）多点接地系统电阻的测量

对多点接地系统（例如输电系统杆塔接地、通信电缆接地系统、某些建筑物等），它们通过架空地线（通信电缆的屏蔽层）连接，组成了接地系统，如图5-12所示。

当用钳形表将两个钳口钳入被测接地线上时，两个钳口的间距为30 cm左右，发射钳夹插入“发射”航插孔，接收钳夹插入“接收”航插孔，两航插孔不可互换，其等效电路如图5-13所示。则

$$R_T = R_x + R_0$$

式中，R_T——仪表测量出的值；

R_x——待测接地电阻的值；

R_0——所有其他杆塔的接地电阻并联后的等效电阻。

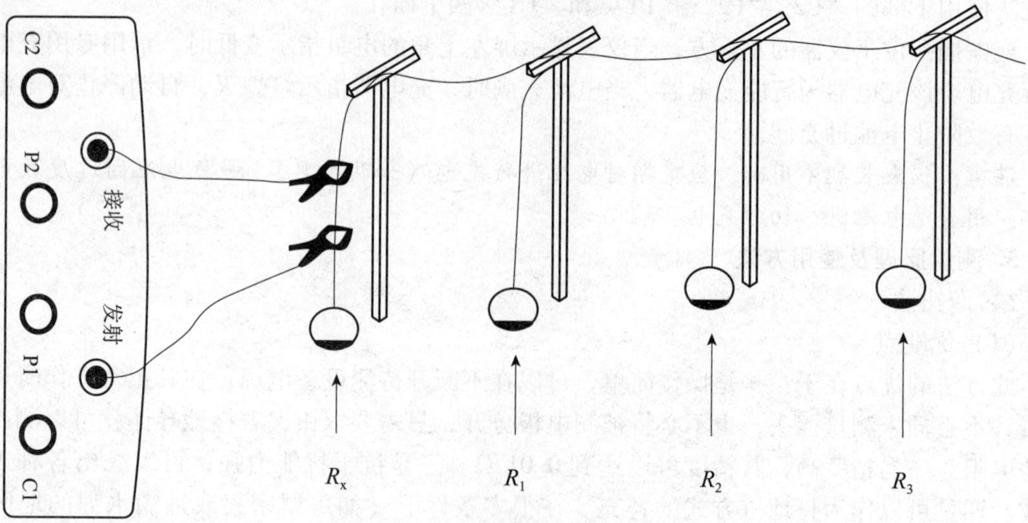

图 5-12 多点接地系统地阻的测量

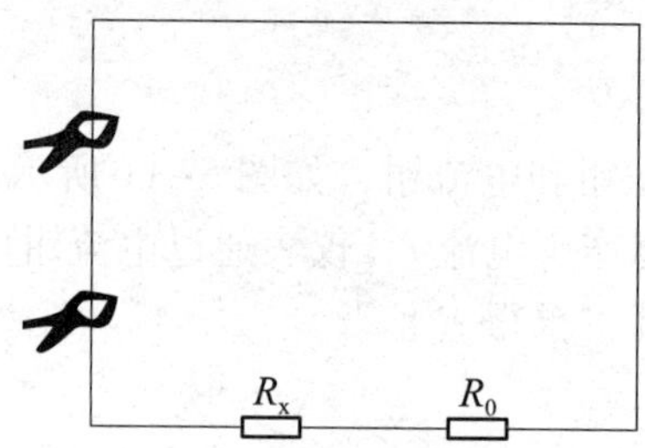

图 5-13 等效电路

虽然，从严格的接地理论来说，由于有所谓的“互电阻”的存在，R_0 并不是通常的电工学意义上的并联值（它会比电工学意义上的并联值稍大），但是，由于每一个杆塔的接地半径比起杆塔之间的距离要小得多，而且毕竟接地点数量很大，R_0 要比 R_1 小得多。因此，可以从工程角度有理由地假设 $R_0=0$。这样，我们所测的电阻就应该是 R_x 了，即 $R_T \approx R_x$。经过多次不同环境、不同场合下与传统方法进行对比试验，证明上述假设是完全合理的。

双钳法是一种先进的非接触测量技术，具有诸多优点。不过，它测得的电阻是包括被测接地电阻在内的整个回路的电阻。使用中必须牢记这一点，以利对测量结果的分析。

注意：发射钳夹、接收钳夹不可互换。

（4）双钳法测独立接地体

双钳法在测量过程中，一定要有一个有效的闭合回路。解决的办法是找一个辅助接电极，将被测接地体与接地良好的辅助地（如自来水管等）用连接线连在一起，将两个钳口钳入连接线上，如图 5-14 所示。二者间距 30 cm 左右时，按“双钳”键，进入双钳法测量界面，再按“测试”键直接显示测量结果。

测试独立接地体接地电阻时，可根据不同的情况采用不同的测试方法：当机房处于低楼层时（一、二层），可采用地桩测试方法，直接测出接地电阻；当机房处于较高楼层（二层以上）时，可采用“独立接地体”测试方法。

使用此方法的前提是将自来水管网的接地电阻理论上认为是0 Ω，但实际上它是有电阻值的，此时测试分两步进行：

第一步，按“独立接地体”测试方法测出 R_A；

第二步，单独在一楼将自来水管的接地电阻按“地桩”测量方法测出 R_B（此时自来水管看作独立接地体）；

第三步：计算（R_A-R_B），即得到机房接地装置的实际接地电阻。

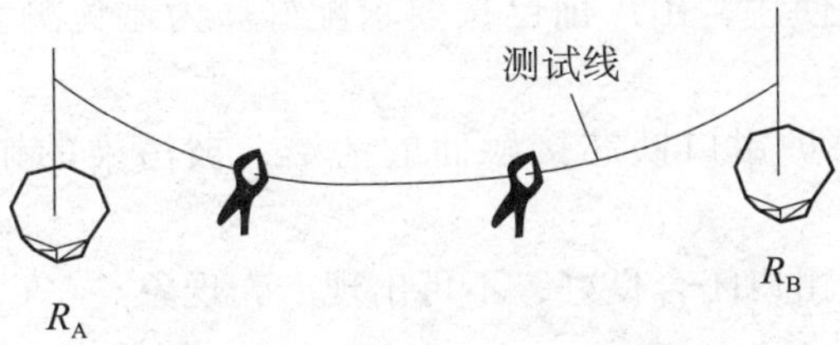

图5-14　独立接地体地阻测量

双钳法测电阻时，如果测量值显示溢出，则说明被测电阻已超过本仪表的测量范围，或说明钳口没有钳入任何金属导体或被测接地线。

2）地桩法

采用如图5-15所示的连接方法。此时按“地桩”键，进入地桩法测试界面。再按“测试”键，可更精确地测量出被测接地体的接地电阻值。

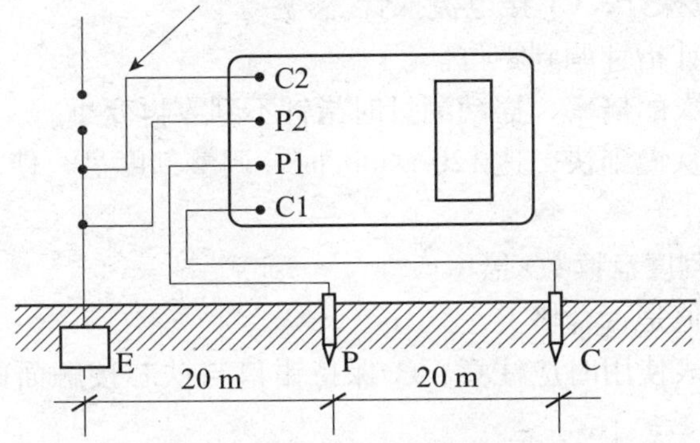

图5-15　地桩法测量

每次测量后，可存储测量结果。按左移键或右移键，将光标停在“存储”上，按“确认”键进入存储功能。输入要存储或查看的目号，然后按“确认”键即可存储。例如，要将测量数据存储到第7组内，则将目号调整至007，再按“确认”键进行确认，即可完成存储。如果该目号已存有数据，则原数据被覆盖。若需要继续测试，则按“确认”键，返回测试状态。本机可存储200组数据。

3）操作技巧

（1）在双钳法和地桩法测试界面，将光标移到“返回”键上，再按“确认”键，即进入主菜单，再按“▲”“▼”键，选择“查看历史数据”或“删除历史数据”，再按“确认”键，进入相应的功能选项页面，按“◀”“▶”左右调整，按“▲”“▼”调整数字，按“确认”键进行确认，即可查阅存储数值或删除存储的数值。

（2）在双钳法、地桩法测试过程中，由于环境影响及外界干扰等因素，可能会出现数值不稳定的现象。在双钳法、地桩法测试界面，当光标停留在“保持”上时可以按“确认”键对测量数值进行锁定，便于测量者进行记录和读取数值。此时屏幕上“保持”变为“解除”，再按一下“确认”键即可解除锁定功能。

4）注意事项

（1）钳口与主机配套使用，出厂前已按要求配好。为避免测量误差，一台主机所配钳口不得用于其他主机上。

（2）任何时候都要保护钳口铁芯接触面的清洁，被污染的钳口会降低仪表的测量准确度。

（3）测试时，要保持钳口闭合良好，不可出现卡壳现象。

5.4 知识点总结

（1）接地电阻测量仪是专门用来测量接地装置接地电阻的仪表。

（2）接地电阻测量仪主要由手摇发电机、滑线电阻、检流计等组成，根据补偿原理工作。

（3）接地电阻测量仪分三柱式（E、P、C）和四柱式（C1、C2、P1、P2）两种。三柱式 E 接接线柱，P 通过 20 m 线接电位探针，C 通过 40 m 线接电流探针。四柱式可将 C2、P2 短接地极，P1 接电位探针，C1 接电流探针。

（4）测前要将检流计指针调到零位。

（5）选倍率要先选大的倍率，摇动测量时指针不到零再变小。

（6）手柄摇动转速从慢到快，达 120 r/min 时，调整刻度盘，使指针指到中心位置，停止不动时读数。

（7）接地电阻值=刻度盘读数×倍率。

（8）判断接地电位值是否合格。

（9）钳形接地电阻表使用时应注意：①保持钳口与铁芯接触面的清洁；②测量时钳口闭合良好。

5.5 实训与练习

5.5.1 实训：接地电阻的测量

1. 目的

（1）熟悉接地电阻测量仪的结构及使用方法。

（2）掌握用接地电阻测量仪测量接地装置接地电阻的方法。

（3）培养学生电阻测量过程中的安全意识。

2. 材料设备

（1）ZC-8 型接地电阻测量仪一只（附件包括电流探针、电位探针各一只，5 m、20 m、40 m 的连接导线各一根）。

（2）铁榔头一把。

（3）接地装置一处。

3. 内容及步骤

仔细阅读前面所叙述的接地电阻测量仪的使用方法。

（1）对接地电阻测量仪进行检查和调整。

（2）检查接地电阻测量仪的准确度：即对仪表进行短路试验。将仪表的接线端子 E、P、C（或 C1、P1、P2、C2）端接，倍率挡置于低量程挡。调整测量标度盘，使“0”对准中心线位置，摇动手柄使转速达到 120 r/min，检流计指针应指零。如果不指零，则所指读数就叫作“校正值”。每次测量的数值应减去这个“校正值”，才是接地电阻测量值。

（3）对被测的接地装置进行切断处理：将待测接地极与其他接地装置临时断开，并用砂纸除去接地极上的锈迹污物。

（4）照前面的方法接好接地极、电位探针、电流探针，使三者成一直线且彼此相距 20 m。

（5）测量接地电阻值：先将倍率开关置于最大倍数，缓慢摇动发电机手柄，同时转动“测量标度盘”，使检流计指针靠近中心线位置。当检流计接近中间位置时，加快摇动手柄，使发电机转速达到 120 r/min，再转动“测量标度盘”，使指针对准中心线位置。此时，被测接地电阻值=测量标度盘度数×倍率。

5.5.2　练习题

1. 填空题

（1）________大小是接地系统品质优劣的评判依据。____________是专门用于直接测量接地电阻的指示仪表。

（2）接地电阻测量仪分__________和____________两种。三柱式____接接线柱，____通过 20 m 线接电位探针，____通过 40 m 线接电流探针。四柱式可将______接地极，____接电位探针，____ 接电流探针。

（3）被测接地电阻________时，为了消除接线电阻和接触电阻的影响，宜采用______测量仪。测量时将端钮________的短接片打开，分别用导线接到接地体上，并使端钮______接在靠近接地体的一侧。

（4）测前要将检流计指针调到________ 。选倍率要_________，如测量刻度盘的读数__________，应将倍率开关放在较小的一挡，然后重新测量。

（5）手柄摇动转速从慢到快，达________时，调整刻度盘，使指针指到____________时读数。

（6）______是一种新颖的测量工具，它的优点是可以________，而不需切________。

（7）钳形接地电阻测量仪最理想的应用是用在____________ ，在__________中应慎用钳形接地电阻测量仪。

2. 判断题

（　　）（1）被测接地电阻小于 1 Ω 时，为了消除接线电阻和接触电阻的影响，宜采用三柱钳形接地电阻测量仪。

（　　）（2）对于钳形接地电阻测量仪，其最理想的应用是用在单点接地系统中。

（　　）（3）在单点接地系统中应慎用钳形接地电阻测量仪。

（　　）（4）接地电阻的大小可由接地电阻测量仪的表读盘中直接读取。

（　　）（5）接地电阻大小是接地系统品质优劣的评判依据。

3. 选择题

（1）接地电阻测量仪是根据______原理制成的。

A. 电桥法　　B. 伏安法

C. 补偿法　　D. 间接法

（2）接地电阻测量仪的附件中，长 20 m 的导线用于连接______________。

A. 接地体　　B. 接地装置

C. 电流探针　　D. 电位探针

（3）接地电阻测量仪应采用________电源。

A. 交流　　B. 直流

C. 交、直流　　D. 整流

（4）接地电阻测量仪的额定转速为______r /min。

A. 50　　B. 80

C. 100　　D. 120

项目 6　功率表

学习目标

（1）理解电动系功率表的结构和工作原理。

（2）掌握功率表的使用方法。

（3）理解三相有功功率的测量方法。

（4）了解三相无功功率的测量方法。

6.1　电动系功率表

6.1.1　电动系功率表简介

电动系功率表由电动系测量机构和分压电阻构成，其原理电路如图 6-1（a）所示。它把匝数少、导线粗的固定线圈与负载串联，从而使通过固定线圈的电流等于负载电流，因此固定线圈又叫功率表的电流线圈；而把匝数多、导线细的可动线圈与分压电阻 R_v 串联后再与负载并联，从而使加在该支路两端的电压等于负载电压，所以可动线圈又称为功率表的电压线圈。电动系功率表的符号如图 6-1（b）所示。

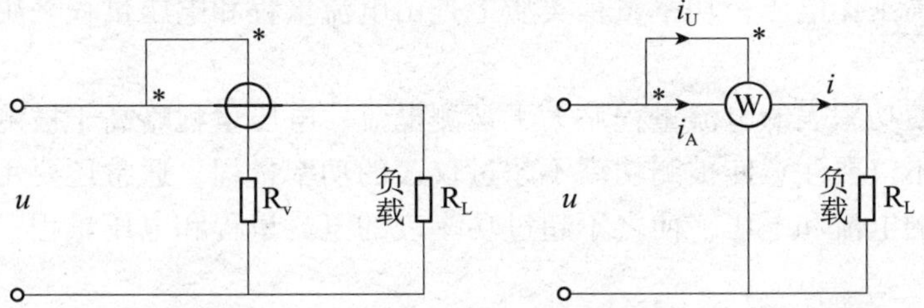

（a）原理电路图　　（b）符号

图 6-1　电动系功率表

实际应用中，为了满足测量不同大小功率的要求，往往需要扩大功率表的量程。功率表的功率量程主要由电流量程和电压量程来决定。所以，功率量程的扩大要通过电流量程和电压量程的扩大来实现。

6.1.2　电动系功率表的正确使用

电动系功率表的型号较多，但使用方法基本相同。下面以如图 6-2 所示的 D26-W 型便携式单相功率表为例，说明其使用方法。该功率表具有 150 V、300 V 和 600 V 三个电压量程，2.5 A 和 5 A 两个电流量程，通过连接片进行改变。

图 6-2　D26-W 型便携式单相功率表

1. 正确选择量程

D26-W 型便携式单相功率表有三种量程：电流量程、电压量程和功率量程。

电流量程是指仪表的串联回路所容许通过的最大工作电流；电压量程是指仪表的并联回路所能承受的最高工作电压；功率量程实质上是由电流量程和电压量程来决定的，它等于两者乘积的功率值。

选择时，要使功率表的电流量程略大于被测电流，电压量程略高于被测电压。因此，在使用功率表时，不仅要注意使被测功率不超过仪表的功率量程，通常还要用电流表、电压表去监视被测电路的电流和电压，使之不超过功率表的电流量程和电压量程，以确保仪表安全可靠地运行。

2. 正确接线

电动系测量机构的转动力矩方向和两线圈中的电流方向有关，为了防止电动系功率表的指针反偏，接线时功率表电流线圈标有“ * ”号的端钮必须接到电源的正极端，而电流线圈的另一端则与负载相连，从而使电流线圈以串联形式接入电路中。功率表电压线圈标有“ * ”号的端钮可以接到电源端钮的任一端上，而另一电压端钮则跨接到负载的另一端。

当负载电阻远远大于电流线圈的电阻时，应采用电压线圈前接法，如图 6-3（a）所示；当负载电阻远远小于电压线圈的电阻时，应采用电压线圈后接法，如图 6-3（b）所示。

为保证功率表安全可靠地运行，常将电流表、电压表与功率表联合使用，其接线如图 6-3（c）所示。

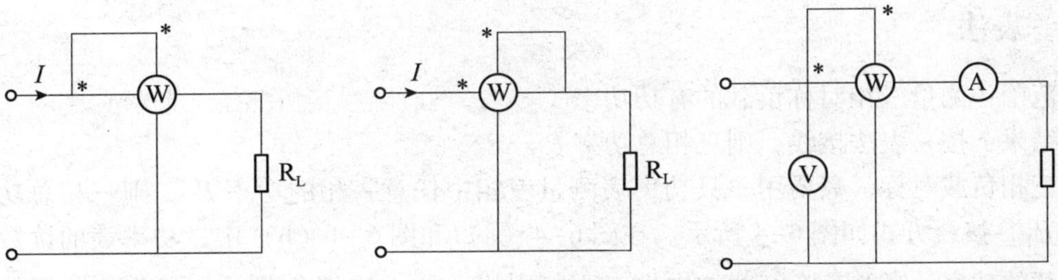

（a）电压线圈前接　　（b）电压线圈后接　　（c）功率表与电压表、电流表的联合接线

图 6-3　功率表的正确接线

3. 正确读数

便携式功率表一般都有几种电流和电压量程，但标度尺只有一条，因此功率表的标度尺上只标有分格数，而不标瓦特数。当选用不同的量程时，功率表标度尺的每一分格所表示的功率值不同。通常把每一分格所表示的瓦特数称为功率表的分格常数。一般的功率表内部都附有表格，说明在不同电流、电压量程时的分格常数，以供查用。

功率表的分格常数 C 也可按式（6-1）计算：

$$C = \frac{U_N I_N}{\alpha_m} \tag{6-1}$$

式中，U_N ——功率表的电压量程；

I_N ——功率表的电流量程；

α_m ——功率表标度尺满刻度的格数。

求得功率表的分格常数 C 后，便可根据测量负载时功率表指针的偏转格数 α，按式(6-2)求出被测功率：

$$P = C\alpha \tag{6-2}$$

［**例 6-1**］　若选用一只功率表，它的电压量程为 300 V，电流量程为 2.5 A，标度尺满刻度的格数为 150 格，用它测量某负载消耗的功率时，指针偏转 100 格，求负载消耗的功率。

解：先求功率表的分格常数：

$$C = \frac{U_N I_N}{\alpha_m} = \frac{300 \times 2.5}{150} = 5(\text{W/格})$$

则被测功率为：

$$P = C\alpha = 5 \times 100 = 500(\text{W})$$

安装式功率表通常都做成单量程的，其电压量程为 100 V，电流量程为 5 A，以便和电压互感器及电流互感器配套使用。为了便于读数，安装式功率表的标度尺可以按被测功率的实际值加以标注，但是必须和指定变比的仪用互感器配套使用。

6.2　三相有功功率的测量

三相有功功率的测量，可以用单相功率表，也可以用三相功率表。本节主要讨论用单相功率表来测量三相有功功率的方法，简单介绍三相功率表的测量方法。

6.2.1 一表法

适用范围：测量三相对称负载的有功功率。

测量结果：按一表法接线，则三相总功率 $P=3P_1$。

由于三相负载对称，只要用一只功率表测量三相中任意一相的功率 P_1，则三相总功率就是 $P=3P_1$，接线方式如图 6-4 所示。在图 6-4（a）和图 6-4（b）中，功率表的读数都是单相负载的功率。当Y连接负载的中性点不能引出，或△连接负载的一相不能断开接线时，则可采用如图 6-4（c）所示的人工中点法将功率表接入。

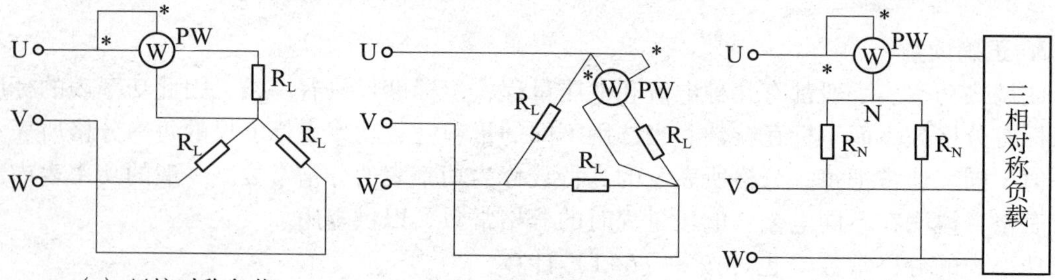

（a）Y接对称负载（b）△接对称负载（c）人工中点法

图 6-4 一表法测量三相对称负载功率

6.2.2 两表法

适用范围：对于三相三线制电路，不论负载是否对称，也不论负载是Y连接还是△连接，都能用两表法来测量三相负载的有功功率。

测量结果：按两表法接线，三相总功率 $P=P_1+P_2$。

根据上式可得到两表法的接线规则如下：

（1）两只功率表的电流线圈分别串联在任意两相线上（如分别串接在 U、V 相线上），使通过线圈的电流为线电流，电流线圈的发电机端必须接到电源一侧。

（2）两只功率表电压线圈的发电机端应分别接到该表电流线圈所在的相线上，另一端则共同接到没有接功率表电流线圈的第三相上，如图 6-5 所示。

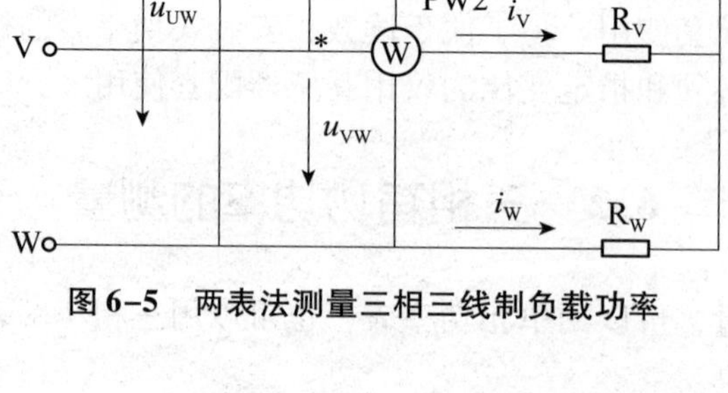

图 6-5 两表法测量三相三线制负载功率

6.2.3　三表法

适用范围：测量三相四线制不对称负载的有功功率。

测量结果：按三表法接线，三相总功率 $P=P_1+P_2+P_3$。

用三只单相功率表分别测出每一相负载的功率，则三相总功率 $P=P_1+P_2+P_3$，接线方式如图6-6所示。

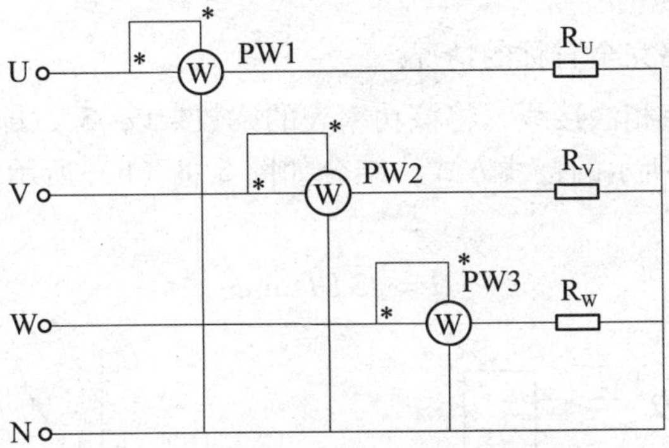

图6-6　三表法测量三相三线制负载功率

6.2.4　三相有功功率表法

在实际应用中，为测量方便，往往采用三相功率表，它由两只单相功率表的测量机构组成，故又称为两元件三相功率表。它的工作原理与两表法完全相同，D33-W型三相有功功率表及其接线如图6-7所示。在它的内部，装有两组固定线圈及固定在同一转轴上的两个可动线圈，因此仪表的总转矩等于两个可动线圈所受转矩的代数和，能直接反映出三相功率的大小。这种功率表的接线方式与两表法接线方式也完全一样。

(a) D33-W型三相有功功率表

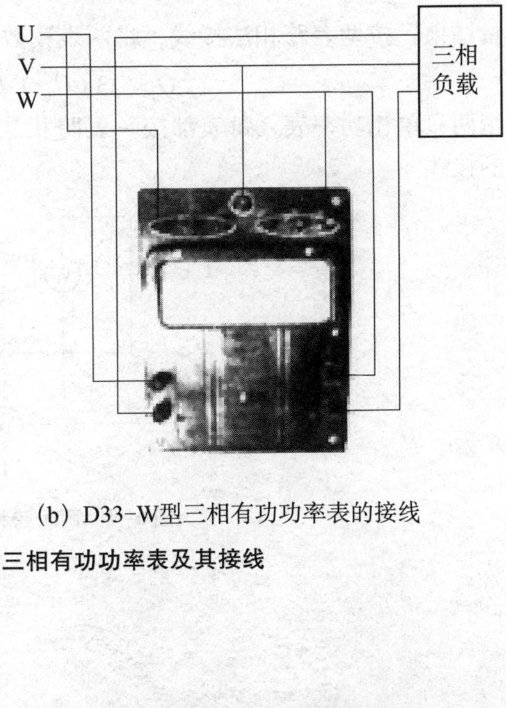

(b) D33-W型三相有功功率表的接线

图6-7　D33-W型三相有功功率表及其接线

6.3 三相无功功率的测量

有功功率表不仅能测量有功功率，如果适当改换它的接线方式，还能用来测量无功功率。本节将介绍几种常用的测量三相无功功率的方法。

6.3.1 一表跨相法

适用范围：三相电路完全对称的情况。

测量结果：按一表跨相法接线，将该功率表的读数乘以 $\sqrt{3}$，即得三相无功功率。

按照如图 6-8（a）所示的接线方式，结合如图 6-8（b）所示的三相对称负载相量图，可以得出三相无功功率：

$$Q = \sqrt{3}\,UI\sin\varphi$$

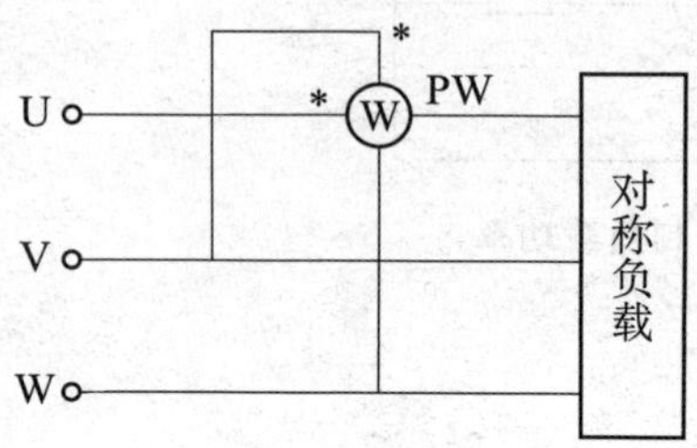

（a）接线图

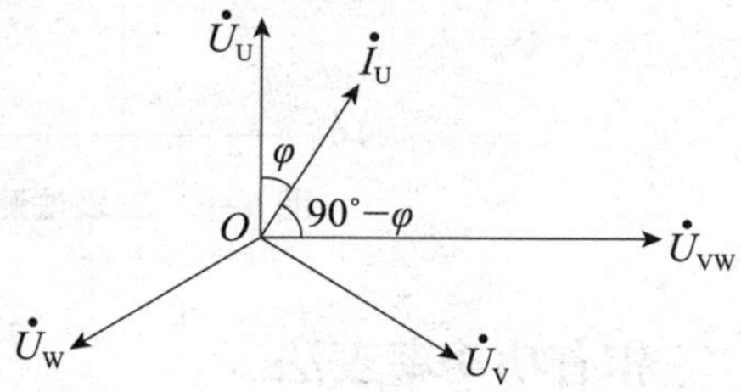

（b）相量图

图 6-8 一表跨相法测量电路和相量图

6.3.2 两表跨相法

适用范围：适用于三相电路对称的情况。但是，由于供电系统电源电压不对称的情况是难免的，而两表跨相法在此情况下测量的误差较小，因此此法仍然适用。

测量结果：按两表跨相法接线，将两表读数之和乘以 $\sqrt{3}$，就得到三相无功功率：

$$Q = \sqrt{3}(U_1 + U_2)I\sin\varphi$$

采用两只单相功率表，每表都按一表跨相法的原则接线，就得到如图 6-9 所示的两表跨相法的接线图。

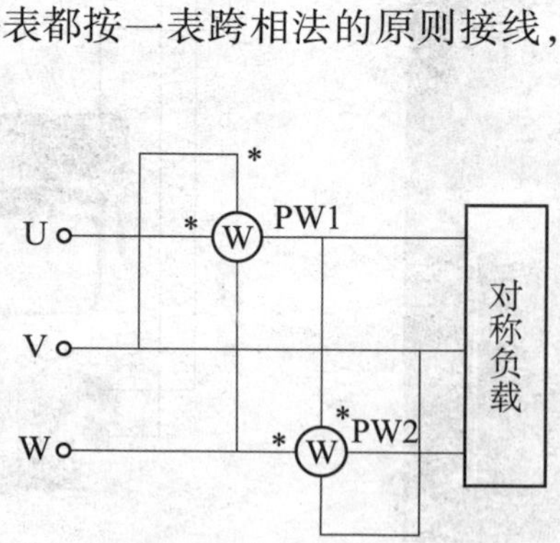

图 6-9 两表跨相法接线图

6.3.3 三表跨相法

适用范围：适用于电源电压对称、负载对称或不对称的情况。

测量结果：按三表跨相法接线，将三只功率表的读数之和除以 $\sqrt{3}$ ，即可得到三相电路的无功功率：

$$Q = \frac{1}{\sqrt{3}}(Q_1 + Q_2 + Q_3)$$

采用三只单相功率表，每表都按一表跨相法的原则接线，就是三表跨相法，其接线图和相量图如图 6-10 所示。

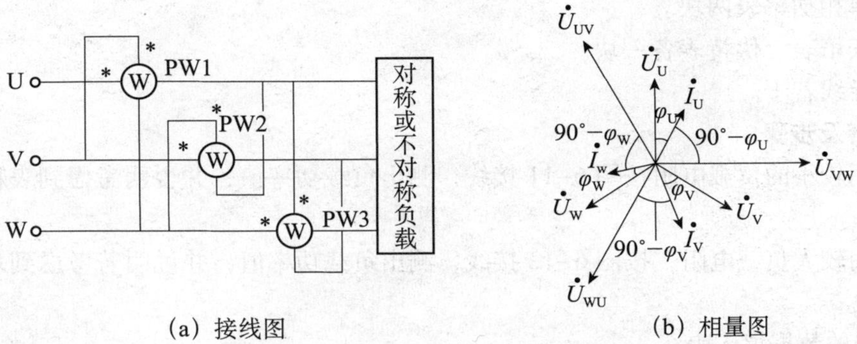

图 6-10 三表跨相法测量电路和相量图

6.4 知识点总结

（1）功率表采用电动系测量机构。功率的大小并非由功率表直接测量，而是测出电压和电流后，再用 $P=UI$ 计算出功率。

（2）功率表的正确使用。

①正确选择量程——功率表有三种量程：电流量程、电压量程和功率量程。

②正确接线 ——功率表电流线圈标有“ * ”号的端钮必须接到电源的正极端，而电流线圈的另一端则与负载相连，电流线圈以串联形式接入电路中；当负载电阻远远大于电流线圈的电阻时，应采用电压线圈前接法；当负载电阻远远小于电压线圈的电阻时，应采用电压线圈后接法。

（3）正确读数——功率表的标度尺上只标有分格数，而不标瓦特数。功率表的分格常数 C 也可按下式计算：

$$C = \frac{U_N I_N}{\alpha_m}$$

求得功率表的分格常数 C 后，可按下式求出被测功率：

$$P = C\alpha$$

式中，α 为测量指针的格数。

（4）三相有功功率的测量方法：一表法、两表法和三表法。

（5）三相无功功率的测量方法：一表跨相法、两表跨相法和三表跨相法。

6.5 实训与练习

6.5.1 实训：用功率表测量电功率

1. 目的

熟悉单相功率表的原理和结构，能根据不同负载选择合理的接线方式。

2. 材料设备

（1）单相功率表两块。

（2）安培表、伏特表各一块。

（3）导线若干。

3. 内容及步骤

（1）用较小的负载电阻按图 6-11 接线，测出负载功率值，并说明考虑到表耗功率时应如何校正。

（2）用较大负载电阻，按图 6-12 接线，测出负载功率值，并说明若考虑到表耗功率时应如何校正。

将测得的数据填入表 6-1。

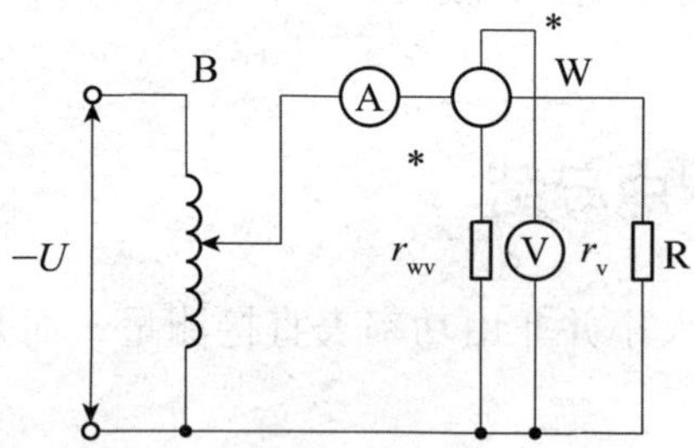

图 6-11 测量较小负载电阻接线

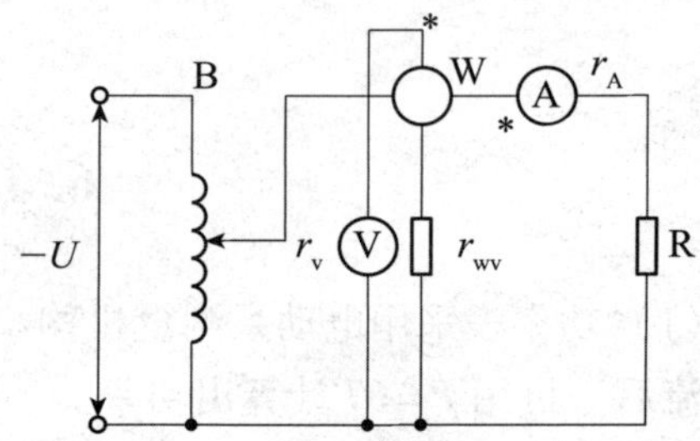

图 6-12 测量较大负载电阻的接线

表 6-1 数据记录

负载情况	电阻值	U	I	P	引入表耗时的功率实际值
电阻较小时	202 Ω/240 W				
电阻较大时	1 210 Ω/40 W				

6.5.2 练习题

1. 填空题

（1）电动系功率表由_______和_______构成，它把匝数______、导线______的固定线圈与负载______，从而使通过固定线圈的电流等于负载电流，因此固定线圈又叫功率表的__________；而把匝数______、导线______的可动线圈与分压电阻 R_v 串联后再与负载

________，从而使加在该支路两端的电压等于负载电压，所以可动线圈又称为功率表的________。

（2）功率表有三种量程：________、________和________。功率量程实质上是由______和________来决定的，它等于两者乘积的功率值。

（3）正确选择功率表量程，选择时要使功率表的电流量程________，电压量程________。

（4）电动系测量机构的转动力矩方向和两线圈中的__________有关，为了防止电动系功率表的指针____，接线时功率表电流线圈标有____号的端钮必须接到电源的________，而电流线圈的另一端则与负载相连，电流线圈以________形式接入电路中。功率表电压线圈标有____的端钮可以接到电源端钮的________，而另一电压端钮则____________。

（5）当负载电阻________时，应采用电压线圈前接法；当负载电阻__________时，应采用电压线圈后接法。

（6）通常把每一分格所表示的瓦特数称为功率表的____________。

（7）三相有功功率的测量，可以用__________，也可以用__________。

（8）用单相功率表测量三相电路的功率时，一表法适用于测量________________。测量时，只要用________只单相功率表测出____________，则三相总功率就等于________。

（9）用单相功率表测量三相电路的功率时，三表法适用于测量________________。测量时，应用__________只单相功率表分别测出______________________，三相总功率等于____________________________。

（10）用单相功率表测量三相电路的功率时，两表法测量三相电路的有功功率时，若发现其中一只表的指针反转，应在________之后，调换____________的两个端头。此时三相功率应等于____________________。

（11）三相功率表由______________的测量机构组成，故又称为________________。

（12）三相功率表的内部装有________________以及固定在同一轴上的____________，因此仪表的总转矩等于__________________________。

2. 判断题

（　）（1）电动系功率表的电流线圈导线粗、匝数多，使用时与负载串联。

（　）（2）电动系功率表的标度尺是均匀的。

（　）（3）扩大功率表电流量程可以通过并联分流电阻的方法来实现。

（　）（4）在功率表中只要选定电流量程和电压量程，一般就不必选择功率量程了。

（　）（5）功率表指针的偏转方向与两个线圈中的电流方向有关。

（　）（6）“功率表电压线圈后接”适用于负载电阻很小的情况。

（　）（7）一表法只能测量三相对称负载的有功功率。

（　）（8）测量三相四线制电路的有功功率要用三表法。

（　）（9）对于三相三线制电路，不论负载是否对称，也不论负载是Y连接还是△连接，都能用两表法来测量其三相有功功率。

（　）（10）用两表法测量三相电路的有功功率，每只表的读数就是每一相电路的功率数值。

3. 选择题

（1）电动系功率表的电压支路由______组成。

A. 可动线圈与分流电阻串联　　B. 固定线圈与分流电流并联

C. 可动线圈与分压电阻串联　　D. 固定线圈与分压电阻并联

（2）在交流电路中，电动系功率表指针的偏转角与电路中的________。

A. 电流成正比　　B. 电流的平方成正比

C. 电流的立方成正比　　D. 功率成正比

（3）扩大功率表电压量程是利用____的方法来实现的。

A. 电压线圈的串并联　　B. 电流线圈的串并联

C. 与电流线圈串联分压电阻　　D. 与电压线圈串联分压电阻

（4）选择功率表量程时，主要是选择______。

A. 功率量程　　B. 电流量程

C. 电压量程　　D. 电流量程和电压量程

（5）"功率表电压线圈前接"适合于____的情况。

A. 负载电阻很大　　B. 负载电阻很小

C. 电源电压很高　　D. 电源电压很低

（6）用一表法测量三相电路的有功功率时，功率表的读数表示____。

A. 一相的功率　　B. 两相的功率

C. 三相的功率　　D. 无任何意义

（7）用两表法测量三相电路的有功功率时，每只功率表的读数表示______。

A. 一相的功率　　B. 两相的功率

C. 三相的功率　　D. 无任何意义

（8）三相功率表的工作原理与______相同。

A. 一表法　　B. 两表法

C. 三表法　　D. 四表法

（9）安装式三相有功功率表通常采用______测量机构。

A. 电磁系　　B. 电动系

C. 磁电系　　D. 铁磁电动系

4. 画图题及问答题

（1）画出一表法的接线图，并说明其适用范围。

（2）画出三表法的接线图，并说明其适用范围。

（3）简述两表法的接线原则。

项目 7　电能表

学习目标

（1）理解感应系电能表的结构和工作原理。

（2）了解电能表的电路、磁路，以及转盘转数与被测电能的关系。

（3）了解电子式电能表。

（4）掌握单相、三相电能表接线。

7.1　感应系电能表

电能表是测量某一段时间内发电机发出电能或负载消耗电能的仪表。它不仅可以反映出功率的大小，还可以反映出电能随时间增长积累的总和。电能的总和是通过计数器来测得的。

7.1.1　电能表的电路和磁路

一般感应系电能表的铁芯结构如图 7-1（a）所示。电流元件的铁芯和电压元件的铁芯之间留有间隙，以便使铝盘能在此间隙中自由转动。电压元件铁芯上装有用钢板冲制成的回磁板。回磁板的下端伸入铝盘下部，隔着铝盘与电压元件的铁芯柱相对应，构成电压线圈工作磁通的回路。

电能表的电路和磁路如图 7-1（b）所示。电能表工作时，通过电压线圈的电流 i_U 产生的磁通分为两部分，一部分是穿过铝盘并经回磁板构成回路的工作磁通 Φ_U，另一部分是不经过铝盘而经左右铁轭构成回路的非工作磁通 Φ'_U。通过电流线圈的电流 i_A 产生的磁通为 Φ_A，该磁通两次穿过铝盘，并通过电流元件铁芯构成回路。

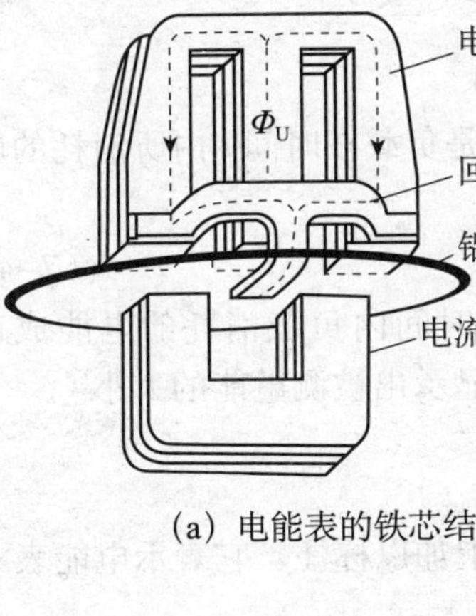

（a）电能表的铁芯结构

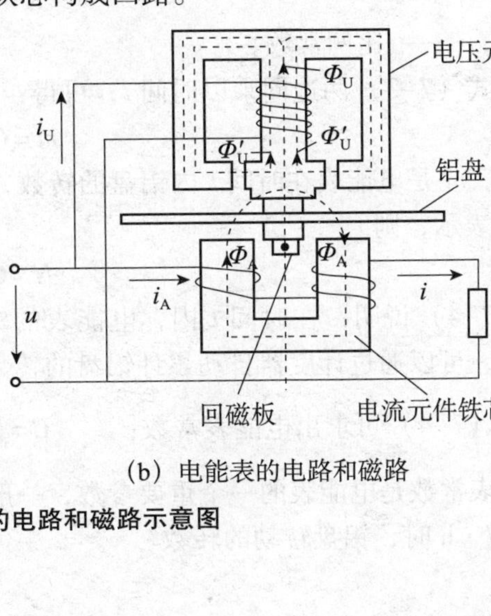

（b）电能表的电路和磁路

图 7-1　电能表的电路和磁路示意图

7.1.2 转盘转数与被测电能的关系

当负载功率一定时，铝盘所受转动力矩不变。但是，铝盘若只受到转动力矩的作用，铝盘将会不断地加速运动，以致无法正确计量电能。为了使铝盘在一定负载功率下以相应的转速匀速转动，从而正确地反映电能的大小，就必须在铝盘上加一个与转动力矩大小相等、方向相反的力矩，这个力矩称为制动力矩，一般是通过永久磁铁获得的。

如图 7–2 所示，当铝盘以转速 n 按逆时针方向在永久磁铁的磁场中转动时，铝盘切割永久磁铁的磁通 Φ_Z，并在铝盘中产生感生电动势 e_Z 和感生电流 i_Z，其方向可用楞次定律确定。磁通 Φ_Z 与铝盘中的感生电流（涡流）i_Z 相互作用产生作用力 F_Z，其方向可用左手定则判断。由于 F_Z 总是和铝盘的转动方向相反，因此又称为制动力。由上述讨论可以看出，铝盘所受制动力矩随铝盘转速的增加而增大，即

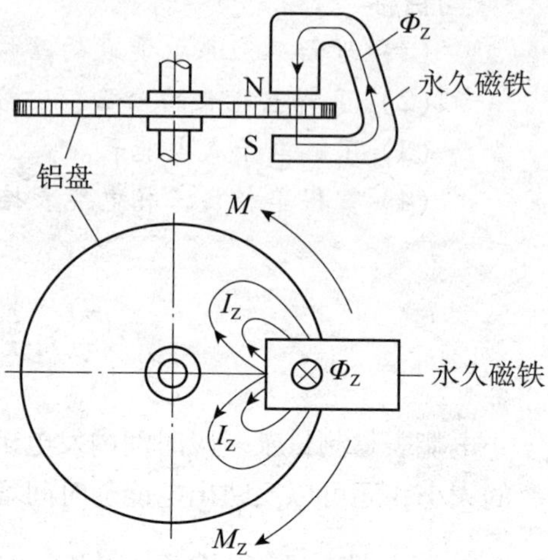

图 7–2 制动力矩的产生

$$M_Z = Kn \tag{7-1}$$

式中，K——比例常数；

n——铝盘转速。

铝盘所受转动力矩与负载有功功率成正比，即

$$M_P = C_1 P \tag{7-2}$$

式中，C_1——比例常数；

P——负载有功功率。

当制动力矩 M_Z 增大到与转动力矩 M_P 相等时，$M_P = M_Z$，铝盘即可匀速转动。

将式（7–1）、式（7–2）整理，得：

$$C_1 P = Kn$$

铝盘转速为：

$$n = \frac{C_1}{K}P = CP \tag{7-3}$$

式中，C——比例常数。

再将式（7–3）两边同乘以时间 t，可得：

$$nt = CPt$$

式中，nt 是电能表在时间 t 内铝盘的转数，用 N 表示；Pt 是负载在时间 t 内所消耗的电能，用 E 表示，则

$$N = CE \tag{7-4}$$

式（7–4）说明，在时间 t 内，电能表的铝盘转数与这段时间内负载消耗的电能成正比。因此，可以通过计度器自动累计铝盘的转数，并由计数器显示出被测电能的大小。

由式（7–4）可求出电能表常数： $C = \dfrac{N}{E}$

电能表常数是电能表的一个重要参数，一般在电能表铭牌上加以标注。它表示电能表对应于 1 kW · h 时，铝盘转动的转数。

7.1.3 单相电能表的接线

单相电能表的接线应遵从发电机端守则，即电能表的电流线圈与负载串联，电压线圈与负载并联，两线圈的发电机端应接电源的同一极性端。为接线方便，单相电能表都有专门的接线盒，盒内接有 4 个端钮，如图 7-3所示，连接时只要 1、3 端接电源，2、4 端接负载即可。

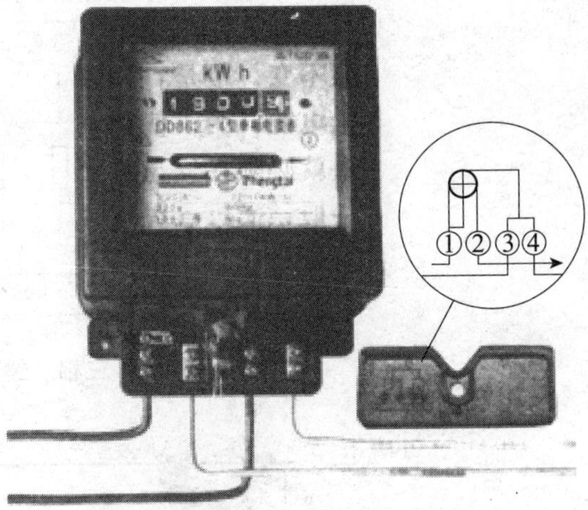

图 7-3 单相电能表的接线方法

7.1.4 三相三线有功电能表

三相三线电能表是根据两表法测量三相功率的原理，由两只单相电能表的测量机构组合而成的，其内部结构如图 7-4（a）所示。将它接入电路后，作用在转轴上的总转矩等于两组元件产生的转矩之和，并与三相电路的有功功率成正比。因此，铝盘的转数可以反映有功电能的大小，通过计度器后可直接显示出三相电能的数值。

国产 DS15、DS18、DS862 等型号的三相有功电能表，就采用了这种两元件双盘的结构。DS862 型三相三线电能表的外形如图 7-4（b）所示。

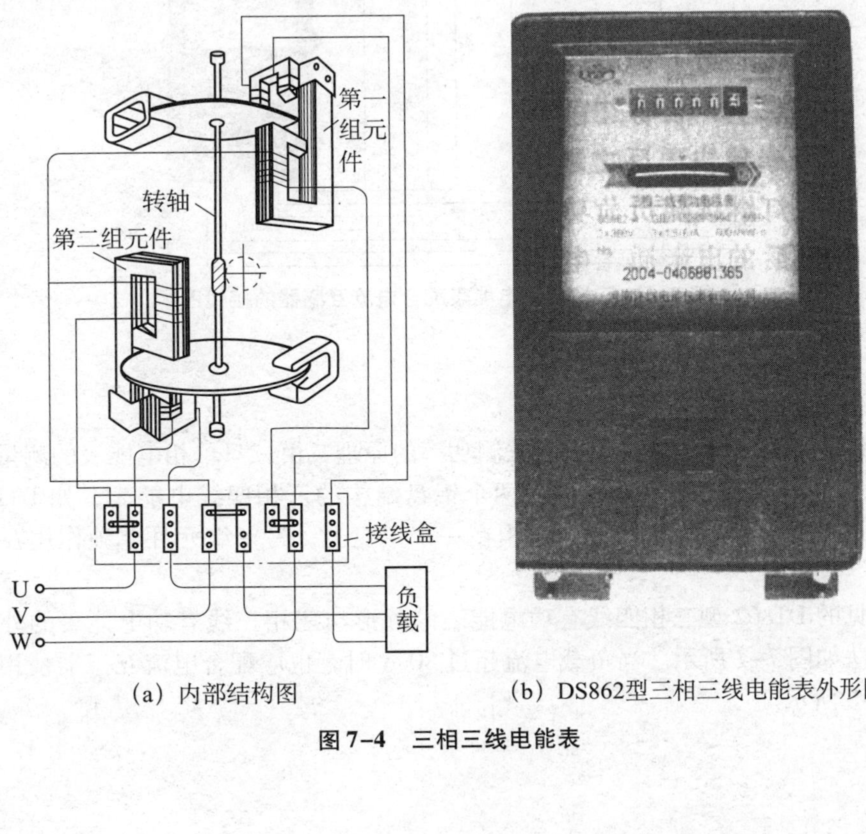

（a）内部结构图 （b）DS862型三相三线电能表外形图

图 7-4 三相三线电能表

三相三线电能表的接线方法与两表法测量功率的接线方法相同。按规定，对于低压供电线路，当其负荷电流为 80 A 及以下时，宜采用直接接入式电能表，接线如图 7-5 所示。当负荷电流为 80 A 以上时，宜采用配有电流互感器的接入式电能表，其接线图如图 7-6 所示。

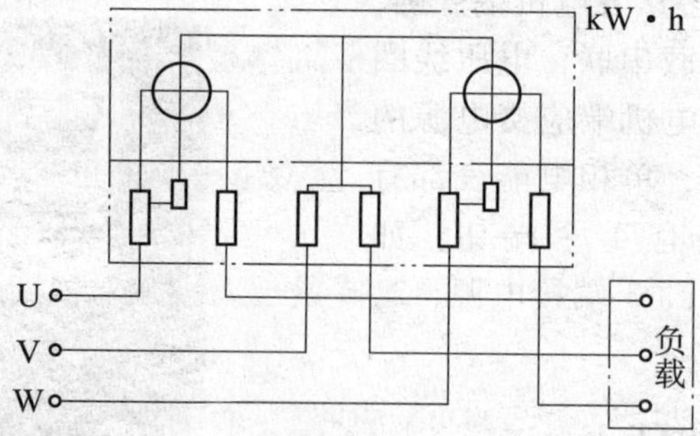

图 7-5 三相三线电能表的直接接入接线图

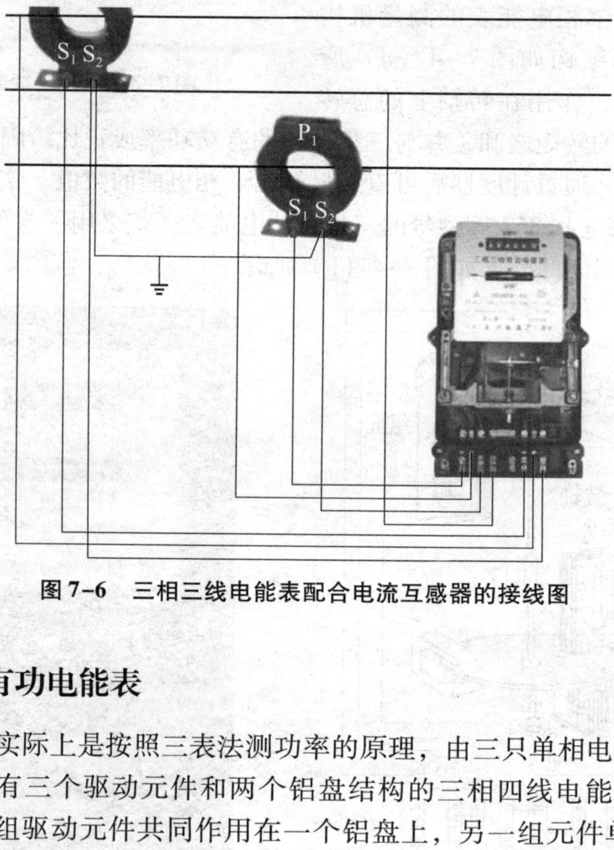

图 7-6 三相三线电能表配合电流互感器的接线图

7.1.5 三相四线有功电能表

三相四线电能表实际上是按照三表法测功率的原理，由三只单相电能表的测量机构组合而成的。常见的是具有三个驱动元件和两个铝盘结构的三相四线电能表，如 DT18 型电能表。它的特点是有两组驱动元件共同作用在一个铝盘上，另一组元件单独作用在另一个铝盘上。

目前常见的 DT862 型三相四线有功电能表的外形与三相三线有功电能表的外形完全一样，接线方法如图 7-7 所示。当负载电流超过 80 A 时，也应配合电流互感器使用，其接线方法如图 7-8 所示。

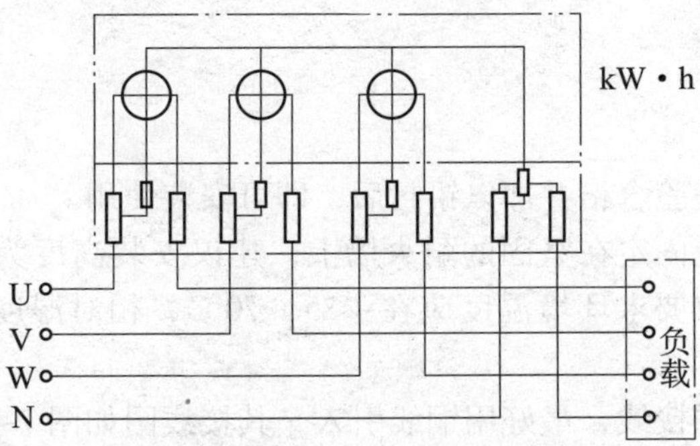

图 7-7 三相四线电能表的直接接线图

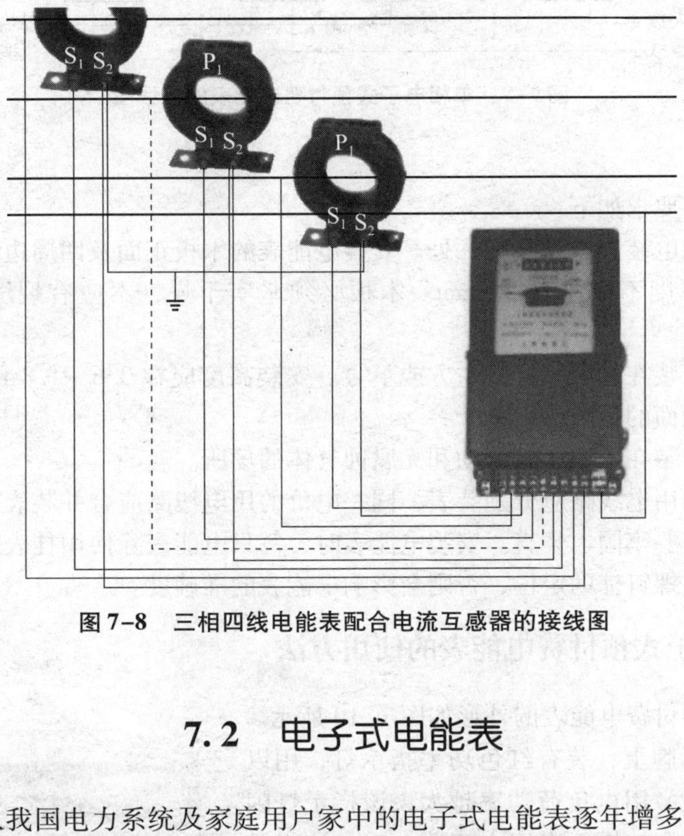

图 7-8 三相四线电能表配合电流互感器的接线图

7.2 电子式电能表

近年来，进入我国电力系统及家庭用户家中的电子式电能表逐年增多，并广泛应用在电能计量和计费工作中。电子式电能表有较好的线性度和稳定性，具有功耗小、电压和频率的响应速度快、测量精度高等诸多优点。这里只简单介绍目前常见的电子式预付费电能表。

单相电子式预付费（IC 卡）电能表的用途是计量额定频率为 50 Hz 的交流单相有功电能，并实现电量预购功能。它是一种采用先进的固态集成技术制造的新产品，其特点是高精度、过载能力强、功耗低、体积小、质量轻。该电能表具有自动计算用户消耗电量、停电时表内数据自动保护、最大负荷控制等功能。

单相电子式预付费电能表采用五位计度器显示总消耗电量，其中左四位为整数位（黑色），右一位为小数位（红色），窗口示数的单位为实际用 kW · h，另用四位数码管显示所购电量和剩余电量（0 ~ 9 999 kW · h）。

7.2.1 电能表的安装

1. 安装方法

电能表在出厂前经检验合格并加以铅封后，即可安装使用。

安装电能表的底板应固定在坚固的耐火墙上，建议安装高度为0.6～1.8 m。由于该表对外部环境要求较高，故要求环境温度应在-25～70℃，相对湿度不超过85%，且要求周围空气中无腐蚀性气体。

电能表应按照接线图接线，最好用铜线引入，其接线图如图7-9所示。

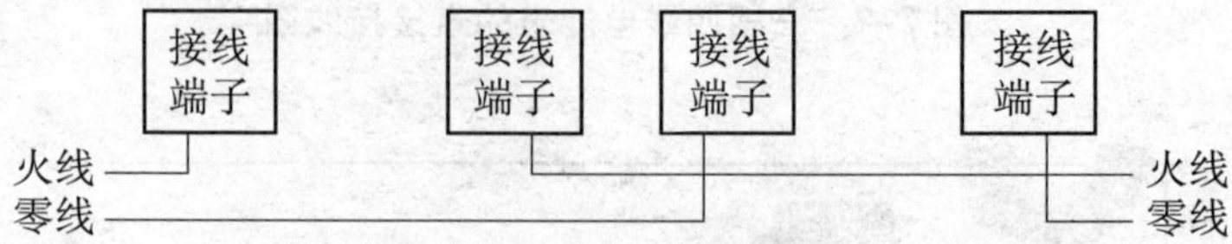

图7-9 单相电子式预付费电能表的接线图

2. 安装要求

电能表的安装要求如下：

①电能表与配电装置必须装在一处。安装电能表的木板正面及四周边缘应涂防潮层。木板应为实板，且厚度不应小于20 mm。木板必须坚实干燥，不应有裂缝，拼接处要紧密平整。

②电能表应安装在配电装置的左方或下方。安装高度应在0.6～1.8 m范围内（电能表的水平中心线距地面的距离）。

③电能表应安装在干燥、无振动和无腐蚀气体的场所。

④不同电价的用电线路应分别装表，同一电价的用电线路应合并装表。

⑤电能表安装要牢固、竖直。安装电能表时，每只电能表除使用挂表螺钉固定外，至少还应该用一只定位螺钉辅助定位，否则会影响电能表的准确度。

7.2.2 单相电子式预付费电能表的使用方法

单相电子式预付费电能表的外形如图7-10所示。

在电能表的标牌上，装有红色功率指示灯，用以指示用户用电状况，用电负荷功率越大，该指示灯闪亮的频率越快，反之越慢，当用户不用电时，该指示灯可停在常亮或常灭状态，用电恢复后该灯继续随负荷功率的大小而闪亮。

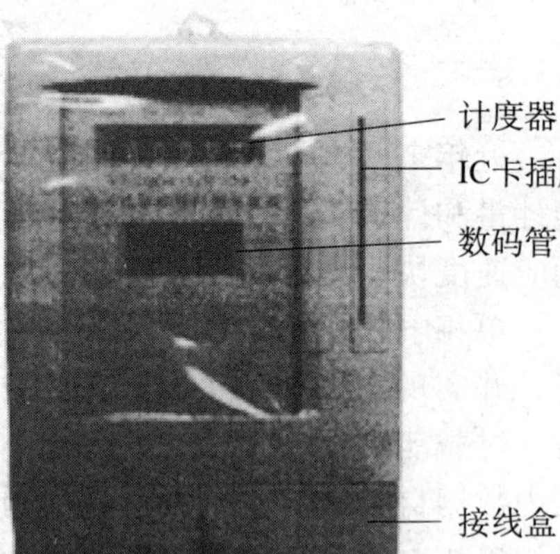

图7-10 单相电子式预付费电能表的外形

用户携带电卡到供电部门指定的售电系统购电后，将购电后的电卡插入电表，保持5 s后方可拔出电卡，拔出电卡后即可用电。在用户拔下电卡约30 s后，电表进入隐显状态。当电表电量小于10 kW · h时，电表由隐显状态变为常显状态，提醒用户电量已剩余不多。当电量剩至5 kW · h时，电能表断电报警，此时用户将电卡重新插入表内一次，可继续使用 5 kW·h 电量。此功能用于再次提醒用户及时购电。

7.3 电能表的使用

电能表的种类很多，按照其测量对象不同可分为有功电能表和无功电能表，按照其使用的场合不同又可分为单相电能表、三相三线电能表和三相四线电能表。电能表虽然种类规格繁多，但使用方法大致相同。

7.3.1 电能表的使用方法

1. 正确选择量程

选择电能表量程时，应使电能表的额定电压与负载额定电压相符，且电能表的额定电流应大于或等于负载的最大电流。

2. 正确接线

电能表的接线和功率表一样，必须遵守"发电机端守则"。通常情况下，电能表的发电机端已在内部接好，接线图印在端钮盒盖的里面。使用时，只要按照接线图进行接线一般不会发生铝盘反转的情况。

电能表在通过仪用互感器接入电路时，必须注意互感器接线端的极性，以便使电能表的接线满足"发电机端守则"。图 7-11 所示为三相有功电能表、无功电能表与仪用互感器的联合接线方式。

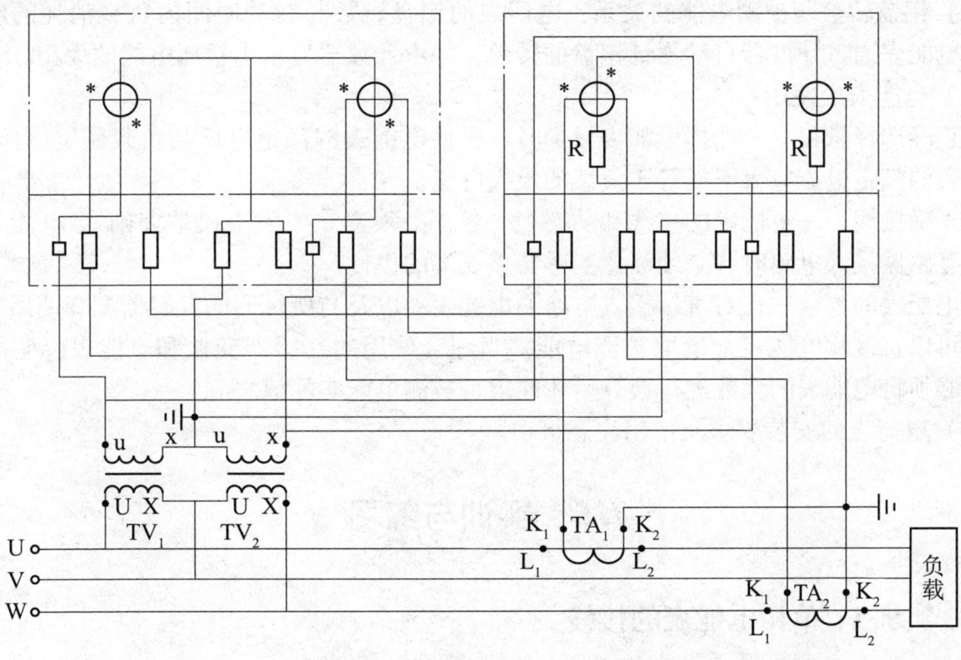

图 7-11 三相有功电能表、无功电能表与仪用互感器的联合接线

3. 正确读数

对直接接入电路的电能表，以及与所标明的互感器配套使用的电能表，都可以直接从电能表上读取被测电能。而当电能表上标有“10×kW·h”或“100×kW·h”字样时，应将电能表的读数乘以10倍或100倍，才是被测电能的实际值。当配套使用的互感器变比和电能表标明的不同时，则必须先将电能表的读数进行换算，然后才能求得被测电能实际值。

7.3.2 电能表的使用注意事项

使用电能表时要注意，在低电压（不超过500 V）和小电流（几十安培）的情况下，电能表可直接接入电路进行测量。在高电压或大电流的情况下，电能表不能直接接入线路，需要配合电压互感器或电流互感器使用。对于直接接入线路的电能表，要根据负载电压和电流选择合适的规格，使电能表的额定电压和额定电流等于或稍大于负载的电压或电流。另外，负载的用电量要在电能表额定值的10%以上，否则计量不准，甚至有时根本带不动铝盘转动。所以，电能表额定值不能选得太大，但若选得太小，也容易烧坏电能表。

7.4 知识点总结

（1）电能表采用感应系测量机构，用于测量某一段时间内发电机发出电能或负载消耗电能。

（2）铝盘转数与被测电能的关系：电能表的铝盘转数与转动时间内负载消耗的电能成正比。电能表通过计度器自动累计铝盘的转数，并由计数器显示出被测电能的大小。

（3）电能表的使用：

①正确选择量程——选择电能表量程时，应使电能表的额定电压与负载额定电压相符，且电能表的额定电流应大于或等于负载的最大电流。

②正确接线——电能表的接线和功率表一样，必须遵守“发电机端守则”。电能表在通过仪用互感器接入电路时，必须注意互感器接线端的极性。

③电能表的读数——对直接接入电路的电能表，以及与所标明的互感器配套使用的电能表，都可以直接从电能表上读取被测电能。当配套使用的互感器变比和电能表标明的不同时，则必须将电能表的读数进行换算后才能求得被测电能实际值。

（4）电能表的安装要求及使用注意事项。

7.5 实训与练习

7.5.1 实训1：单相电能表的接线

1. 目的

（1）熟悉单相电能表的构造，掌握其接线方法。

（2）熟悉单相电能表在电路中测量电能的接线方式。

2. 材料设备

（1）单相电能表一台。

（2）单相开关一只。

（3）电流互感器一只。

（4）熔断器两只。

（5）导线若干米。

3. 内容及步骤

（1）画出单相电能表的接线图（见图7-12）。

（2）按照接线图进行接线，接线应完全可靠，布局合理，安装符合从上到下、从左到右的要求。

（3）接线完毕，测量电路接线图应如图7-13所示。经检验无误后，在指导教师的监护下，进行通电试验。通电试验时，应注意使电能表面板与地面垂直。

（4）结束试验，清理现场，将实验物品摆放整齐。

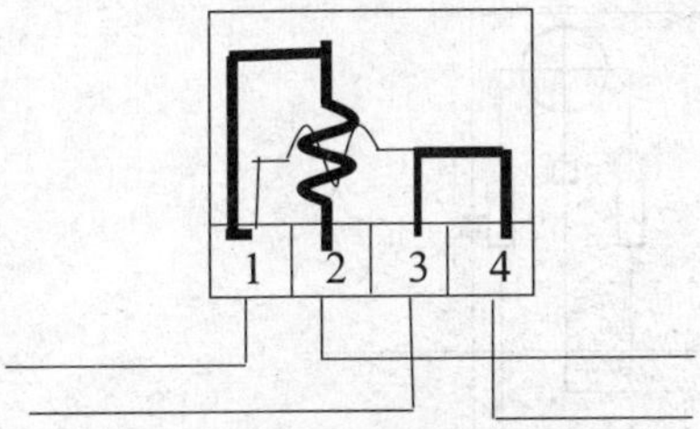

图7-12 单相电能表的接线图

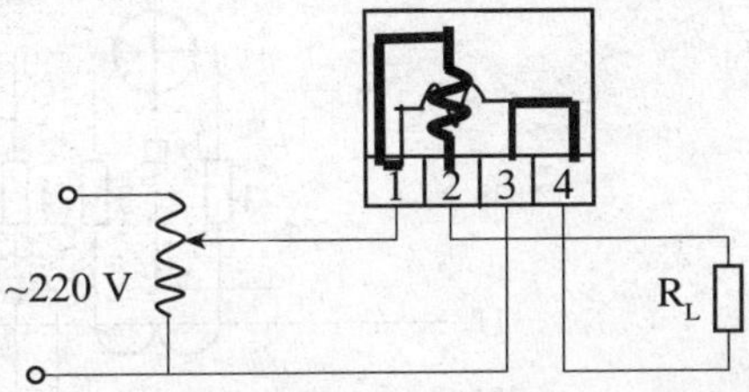

图7-13 单相电能表实际测量电路接线图

7.5.2 实训2：三相电能表的接线

1. 目的

（1）熟悉三相三线电能表的构造，掌握三相三线电能表配合电流互感器的接线方法。

（2）熟悉三相四线电能表的构造，掌握其接线方法。

2. 材料设备

（1）三相三线电能表一台。

（2）电流互感器两只。

（3）三相四线电能表一台。

（4）三相刀开关两只。

（5）熔断器三只。

（6）导线若干米。

3. 内容及步骤

（1）按照接线图进行接线，接线应完全可靠，布局合理，安装符合从上到下、从左到右的要求。

（2）接线完毕，经检验无误后，在指导教师的监护下，进行通电试验。通电试验时，应注意使电能表面板与地面垂直。

（3）结束试验，清理现场，将实验物品摆放整齐。

三相四线电能表的直接接线如图7-14所示。

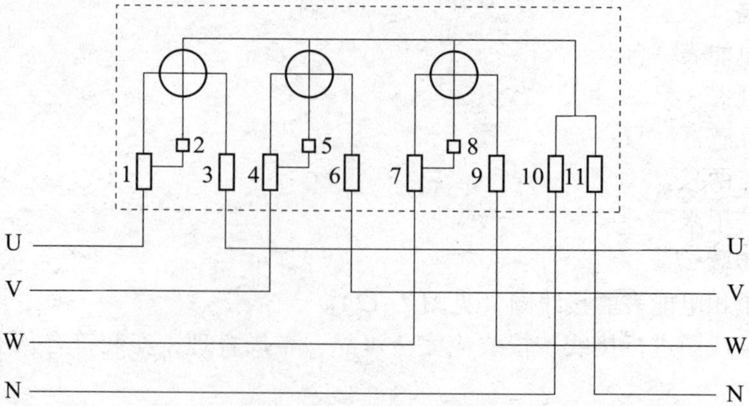

图 7-14　三相四线电能表的直接接线

三相四线电能表配电流互感器的接线如图 7-15 所示。

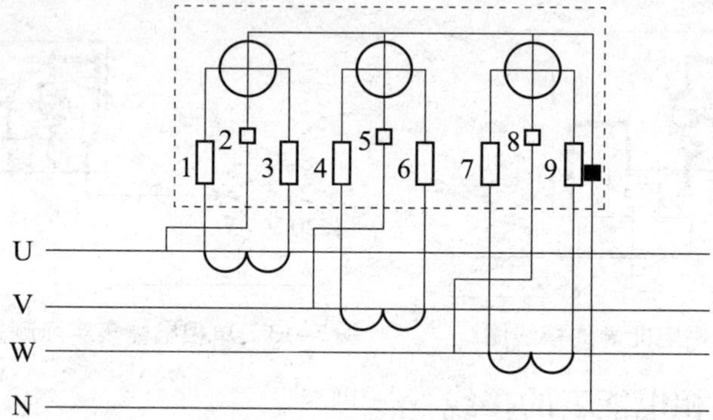

图 7-15　三相四线电能表配电流互感器的接线

三相三线电能表配以电流互感器的接线，与单相电能表的接线相同，如图 7-16 所示。

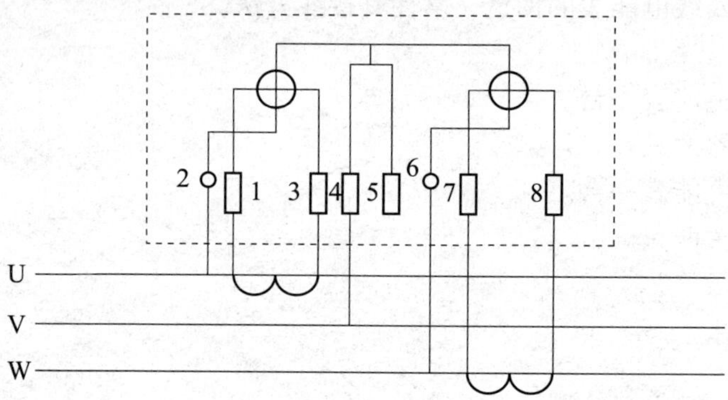

图 7-16　三相三线电能表配电流互感器的接线

7.5.3　练习题

1. 填空题

（1）电能表采用____________，是测量某一段时间内发电机发出电能或负载消耗电能的仪表。它不仅可以反映出____________的大小，还可以反映出电能随时间增长积累的____________。

（2）电能表常数是电能表的一个重要参数，它表示________________________。

（3）单相电能表的接线应遵从__________，即电能表的电流线圈与负载______，电压线圈与负载______，两线圈的______应接电源的_______。

（4）单相电能表有专门的接线盒，盒内接有四个端钮，连接时只要按照1、3端接______，2、4端接______即可。

（5）三相三线电能表是根据_______________的原理，由_______单相电能表的测量机构组合而成。三相三线电能表的接线方法与__________接线方法相同。

（6）按规定，对于低压供电线路，当其负荷电流为____A及以下时，宜采用直接接入式电能表，当负荷电流为________时，宜采用配有__________的接入式电能表。

（7）三相四线电能表实际上是按照____________的原理，由____单相电能表的测量机构组合而成的。常见的是具有__________________结构的三相四线电能表。

（8）电子式电能表有较好的_______和______，具有______，_______的响应速度快，测量精度高等诸多优点。

（9）单相电子式预付费（IC卡）电能表的用途是计量额定频率为____ Hz的交流单相有功电能，并实现____________。该电能表具有_______用户消耗电量、停电时表内数据_______、最大负荷控制等功能。

（10）安装电子式电能表的底板应固定在坚固的_______________上，建议安装高度为________m左右。由于该表对外部环境要求较高，故要求环境温度应在________，相对湿度不超过________%的环境中，且要求周围空气中无_______气体。

（11）在电能表的标牌上，装有________功率指示灯用以指示用户用电状况，用电负荷功率越大，该指示灯闪亮的频率________；反之________，当用户不用电时，该指示灯可停在__________状态下，用电恢复后该灯继续随_______的大小而闪亮。

（12）选择电能表量程时，应使电能表的额定电压与负载额定电压_______，且电能表的额定电流应____________负载的最大电流。

（13）对____________的电能表，以及与所标明的互感器配套使用的电能表，都可以直接从电能表上读取被测电能。而当电能表上标有“10×kW · h”或“100×kW · h”字样时，应将表的读数乘以____或_____，才是被测电能的实际值。

2. 判断题

（　　）（1）测量三相电路有功功率的各种方法和理论，同样适用于三相有功电能的测量。

（　　）（2）在低压供电线路中，若负荷电流达100 A以上时，宜采用经电流互感器接入式的电能表。

（　　）（3）测量三相三线制电路的电能，不论负载是否对称，都能用三相三线电能测量。

（　　）（4）电能表接线和功率表一样，必须遵守“发电机端守则”。

（　　）（5）电能表应安装在配电装置的右方或下方。

（　　）（6）不同电价的用电线路应分别装表，同一电价的用电线路应合并装表。

（ ）（7）电能表通过仪用互感器接入电路时，必须注意互感器接线端的极性，否则电能表将被烧毁。

3. 选择题

（1）感应系电能表主要用来测量______电能。

A. 直流　　B. 交流

C. 交、直流　　D. 脉动直流

（2）电能表中铝盘所转动力矩与制动力矩相等时，铝盘将______。

A. 静止不动　　B. 匀速转动

C. 加速转动　　D. 减速转动

（3）单相电能表接线时，应按照______的原则进行接线。

A. 1、2 接电源，3、4 接负载　　B. 3、4 接电源，1、2 接负载

C. 1、3 接电源，2、4 接负载　　D. 1、3 接负载，2、4 接电源

（4）三相三线电能表是按照____ 原理制成的。

A. 一表法　　B. 两表法

C. 三表法　　D. 四表法

（5）三相四线有功电能表主要用于测量____ 电路的有功电能。

A. 单相　　B. 三相三线

C. 三相四线　　D. 直流

（6）通常要求电能表与______装在一起。

A. 负载　　B. 开关

C. 配电装置　　D. 电源

（7）电能表安装高度应在______ m 范围内。

A. 0.2 ~ 0.6　　B. 0.6 ~ 0.8

C. 1.2 ~ 1.6　　D. 0.6 ~ 1.8

（8）一只与互感器配套使用的电能表上标明"100×kW · h"，其读数为 0829.2，则实际值应为____ kW · h。

A. 829.2　　B. 8 292

C. 82 920　　D. 0.892

（9）电能表安装要牢固垂直，使表中心线向方向倾斜度____。

A. >10°　　B. >5°

C. >1°　　D. ≤1°

4. 问答题

（1）感应系电能表由哪几部分组成？各部分的作用是什么？

（2）三相电能表是怎样构成的？

（3）如何选择电能表的量程？

项目 8　电桥

学习目标

（1）理解直流单、双臂电桥的构造及工作原理。

（2）掌握直流单、双臂电桥的使用方法及维护。

（3）了解交流电桥的使用方法。

8.1　直流单臂电桥

8.1.1　直流单臂电桥的构造及工作原理

直流单臂电桥在电工基础中我们已经介绍过，它是一种专门用来测量电阻的精密测量仪器。图 8-1 所示为其原理图。其中，R_x 为被测臂，R_2、R_3 构成比例臂，R_4 为比较臂。

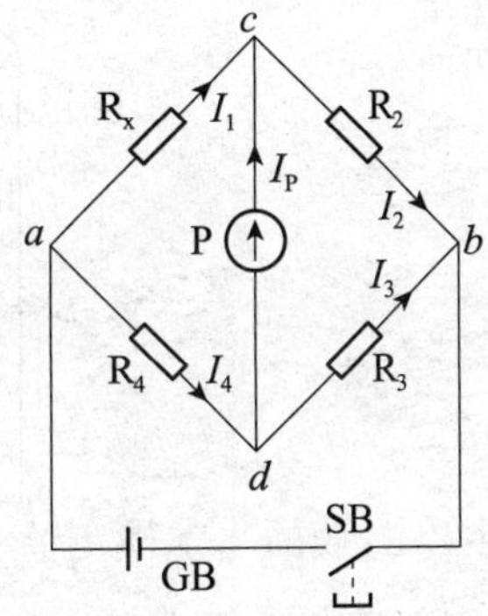

图 8-1　直流单臂电桥原理图

电桥平衡的条件为：

$$R_2R_4 = R_xR_3 \tag{8-1}$$

式（8-1）说明，电桥相对臂电阻的乘积相等时，电桥就处于平衡状态，检流计中的电流 $I_P=0$。

整理得　$$R_x = \frac{R_2}{R_3} \times R_4 \tag{8-2}$$

式（8-2）说明，电桥平衡时，被测电阻为：

$$R_x = 比例臂倍率 \times 比较臂读数$$

8.1.2　QJ23 型直流单臂电桥

QJ23 型直流单臂电桥是一种电工常用的比较式仪表，其外形图及电路图如图 8-2 所示。它的比例臂 R_2、R_3 由 8 个电阻组成，共分为 7 挡，由转换开关 SA 换接。比例臂的读数盘设在面板左上方。比较臂 R_4 由 4 个可调标准电阻组成，它们分别由面板上的 4 个读数盘控制，可得到从 0 ~ 9 999 Ω 范围内的任意电阻值，最小步进值为 1 Ω。

面板上标有“Rx”的两个端钮用来连接被测电阻。当使用外接电源时，可从面板左上角标有“B”的两个端钮接入。当需要使用外附检流计时，可以使用连接片将内附检流计短路；再将外附检流计接在面板左下方标有“G”的两个端钮上。

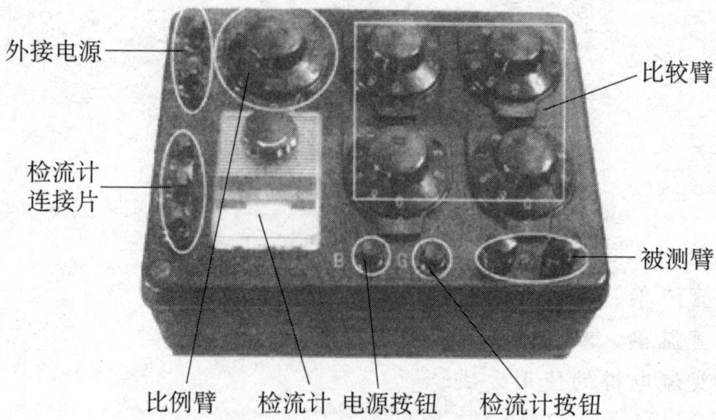

(a) 外形图

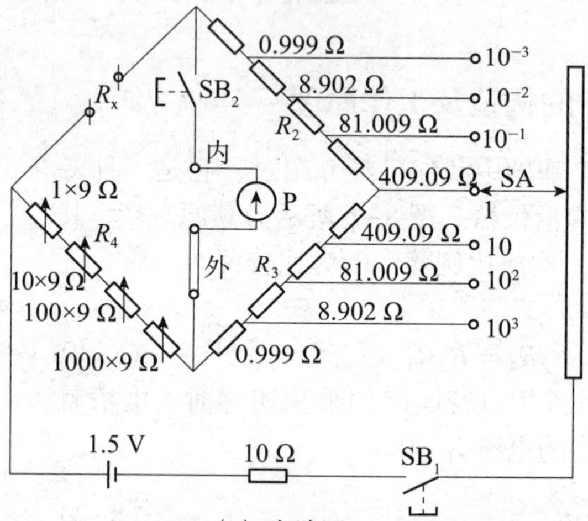

(b) 电路图

图 8-2　QJ23 型直流单臂电桥外形图及电路图

8.1.3　直流单臂电桥的使用及维护

直流单臂电桥的型号很多，但是操作方法基本相同。下面以 QJ23 型直流单臂电桥测量电动机绕组的直流电阻为例，说明其测量电阻的步骤。

步骤 1：电桥调试。

打开检流计机械锁扣，调节调零器，使指针指在零位，如图 8-3 所示。进行电桥测试时，注意事项如下：

①若发现电桥电池电压不足，应及时更换，否则将影响电桥的灵敏度。

②采用外接电源时，必须注意电源的极性。须将电源的正、负极分别接到“+”“-”端钮，且不要使外接电源电压超过电桥说明书上的规定值。

步骤 2：估测被测电阻，选择比例臂。

如图 8-4 所示，用万用表估测电阻值，选择适当的比例臂，使比例臂的四挡电阻都能充分利用，以获得四位有效数字的读数。当估测电阻值为几千欧时，比例臂应选×1挡；当估测电阻值为几十欧时，比例臂选×0.01挡；当估测电阻值为几欧时，比例臂选×0.001挡。

注意：用万用表估测被测电阻值时，应尽量准确，比例臂的选择务必正确，否则会产生很大的测量误差，从而失去精确测量的意义。

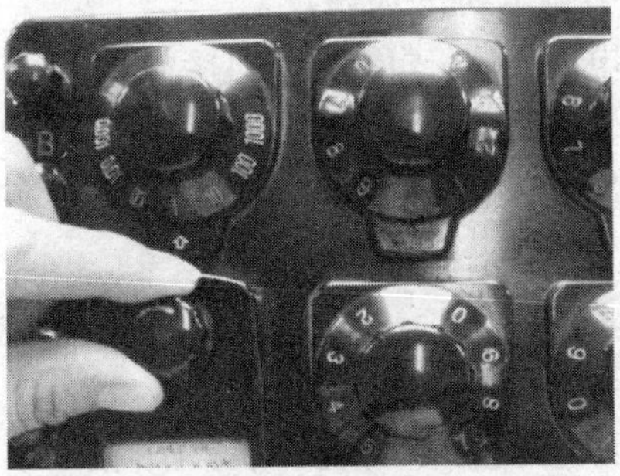

图8–3 调节调零器使指针指在零位

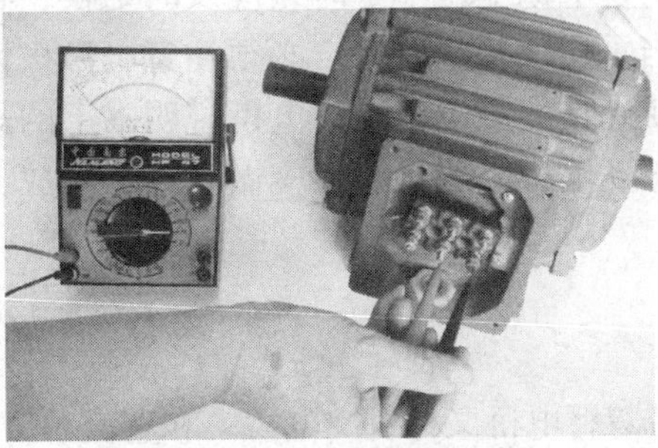

图8–4 用万用表估测电阻值

步骤3：接入被测电阻。

接入被测电阻时，应采用较粗、较短的导线连接，并将接头拧紧，如图8–5所示。注意事项如下：

①用电桥测量电阻时，不许带电测量。

②测量时，必须将被测电阻与其他所有接线断开，单独测量。

步骤4：接通电路，调节电桥比例臂，使之平衡。

如图8–6所示，测量时应先按下电源按钮，再按下检流计按钮，使电桥电路接通。此时，若检流计指针向“+”方向偏转，则应增大比较臂电阻；反之，则应减小比较臂电阻。如此反复调节，直至检流计指针指零。

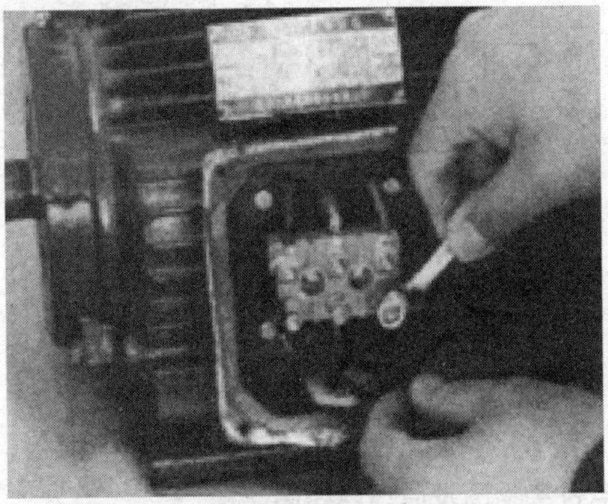

图8–5 采用较粗、较短的导线连接

图8–6 接通电路并调节电桥比例臂

步骤5：计算电阻值：

$$被测电阻值=比例臂倍率×比较臂读数$$

步骤6：关闭电桥。

先断开检流计按钮，再断开电源按钮，然后拆除被测电阻，最后锁上检流计的机械锁扣。对于没有机械锁扣的检流计，应将按钮“G”按下并锁住。

步骤7：电桥保养。

电桥保养注意事项如下：

①每次测量结束后，都应将盒盖盖好，存放于干燥、避光、无振动的场所。

②发现电池电压不足时，应及时更换，否则将影响电桥的灵敏度。

③当采用外接电源时，必须注意电源极性。将电源的正、负极分别接到“+”“-”端，且不要使外接电源电压超过电桥说明书上的规定值，否则有可能烧坏桥臂电阻。

④搬动电桥时要小心，应做到轻拿轻放，否则易使检流计损坏。

8.2 直流双臂电桥

直流双臂电桥又称凯文电桥。和直流单臂电桥相比，直流双臂电桥能够消除接线电阻和接触电阻对测量结果的影响，因此直流双臂电桥是专门用来精密测量1 Ω以下小电阻的仪器。

8.2.1 直流双臂电桥的构造及原理

直流双臂电桥的实物图及原理电路图如图8-7所示。与单臂电桥不同，被测电阻 R_x 与标准电阻 R_4 共同组成一个桥臂，标准电阻 R_n 和 R_3 组成另一个桥臂，R_x 与 R_n 之间用一阻值为 r 的导线连接起来。为了消除接线电阻和接触电阻的影响，R_x 与 R_n 都采用两对端钮，即电流端钮 C_1、C_2、C_{n1}、C_{n2}，电位端钮 P_1、P_2、P_{n1}、P_{n2}。桥臂电阻 R_1、R_2、R_3、R_4 都是阻值大于10 Ω的标准电阻。R是限流电阻，可防止仪表中电流过大。

(a) 实物图

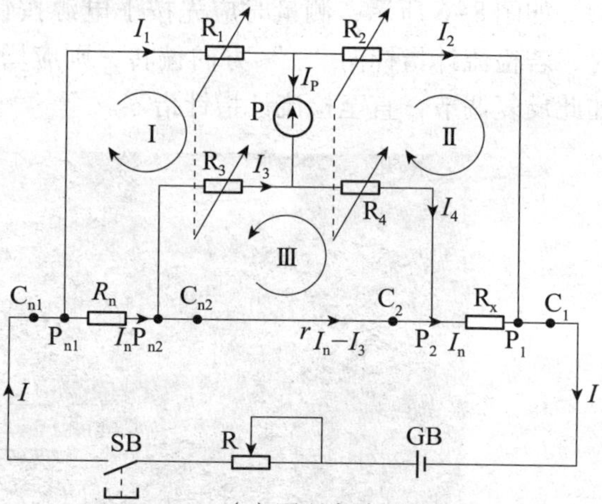

(b) 原理电路图

图8-7 直流双臂电桥实物图及原理电路图

调节各桥臂的电阻，使检流计指零，即 $I_P = 0$，此时 $I_1 = I_2$，$I_3 = I_4$。

易得

$$R_x = \frac{R_2}{R_3} \times R_4$$

若电桥平衡，则被测电阻 R_x 的阻值为：

$$R_x = 比例臂倍率 \times 比较臂读数$$

8.2.2　QJ103 型直流双臂电桥

QJ103 型直流双臂电桥的原理电路图及面板布置图如图 8-8 所示。4 个桥臂电阻做成固定倍率的形式，通过机械联动转换开关 SA 的转换，可得到×100、×10、×1、×0.1 和×0.01 共 5 个固定倍率，并保持 $R_3/R_1=R_4/R_2$。标准电阻 R_n 的阻值在 0.01 ~0.11 Ω 范围内连续可调，其调节旋钮与读数盘一起装在面板上。测量时，调整倍率旋钮和 R_n 的调节旋钮使电桥平衡，检流计指零，此时被测电阻的阻值为：

$$R_x = \text{倍率数} \times \text{读数盘读数}$$

QJ103 型直流双臂电桥的测量范围是 0.0011 ~11Ω，使用 1.5 ~2 V 的直流电源，并备有外接电源用的接线端子。

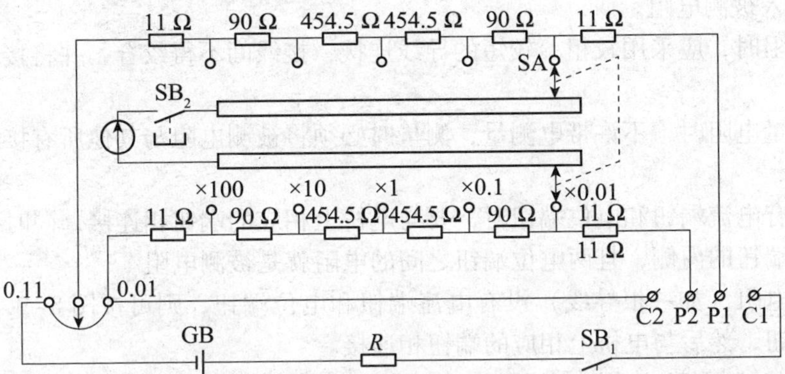

（a）原理电路图

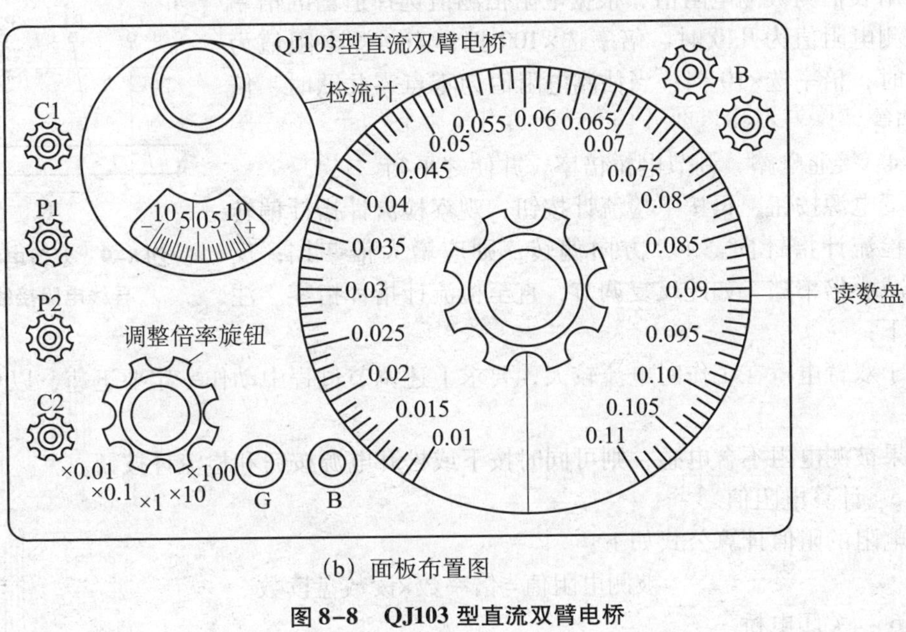

（b）面板布置图

图 8-8　QJ103 型直流双臂电桥

8.2.3 直流双臂电桥的使用与维护

直流双臂电桥的型号很多，其操作方法与直流单臂电桥基本相同。下面以 QJ103 型直流双臂电桥为例，说明其测量电阻的步骤。

步骤 1：电桥调试。

QJ103 型直流双臂电桥面板如图 8-8（b）所示，打开检流计机械锁扣，调整检流器，使指针指在零位。注意事项如下：

①发现电桥电池电压不足时，应及时更换，否则将影响电桥的灵敏度。

②当采用外接电源时，必须注意电源的极性。将电源的正、负极分别接到“+”“-”端钮，且不要使外接电源电压超过电桥说明书上的规定值。

步骤 2 ：接入被测电阻。

接入被测电阻时，应采用较粗、较短的导线连接，接线间不得绞合，并将接头拧紧。注意事项如下：

①用电桥测量电阻时，不许带电测量，测量时必须将被测电阻与其他所有接线断开，单独测量。

②被测电阻有电流端钮和电位端钮时，要与电桥上相应的端钮相连接，同时要注意电位端钮总是在电流端钮的内侧，且两电位端钮之间的电阻就是被测电阻。

③如果被测电阻（如一根导线）没有电流端钮和电位端钮，则可按图 8-9 自行引出电流端钮和电位端钮，然后与电桥上相应的端钮相连接。

步骤 3：估测被测电阻，选择比例臂。

用万用表估测被测电阻值，根据电阻估测值选择适当的倍率挡。当估测电阻值为几欧时，倍率选×100 挡；当估测电阻值为零点几欧时，倍率选×10 挡；当估测电阻值为零点零几欧时，倍率选×1 挡等。

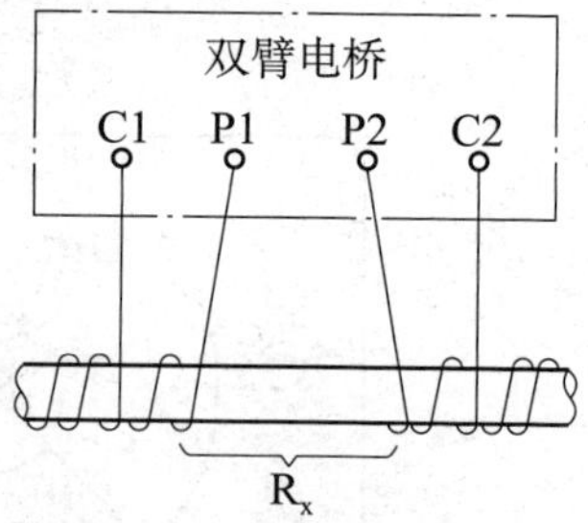

图 8-9 双臂电桥测量导线电阻接线图

步骤 4：接通电路，调节电桥倍率，并使之平衡。

先按下电源按钮，再按下检流计按钮，观察检流计指针偏转情况。若检流计指针向“+”方向偏转，则应增大倍率挡；反之，则应减小倍率挡。如此反复调节，直至检流计指针指零。注意事项如下：

①由于双臂电桥在工作时电流较大，要求上述调节过程中动作一定要迅速，以免电池耗电量过大。

②如果被测电阻不含电感，则可同时按下或松开电源按钮和检流计按钮。

步骤 5：计算电阻值。

被测电阻的阻值计算公式如下：

被测电阻值=倍率数×读数盘读数

步骤 6 ：关闭电桥。

先断开检流计按钮，再断开电源按钮，然后拆除被测电阻，最后锁上检流计锁扣。注意事项如下：

①先断开检流计按钮，再断开电源按钮，是为了防止被测元件具有电感时，由于电路的

通断产生很大的自感电动势而对检流计造成损坏。

②对于没有机械锁扣的检流计，操作完成后应将按钮“G”按下并锁住。

步骤7：电桥保养。

每次测量完毕，应将仪表盒盖盖好，将仪表存放于干燥、避光、无振动的场所。

8.3　交流电桥

交流电桥在生产实际中应用极为广泛，主要用来测量交流等效电阻 、电感和电容等参数，它是一种比较式仪器，通过将被测对象和标准量（标准电感、标准电容）在电桥线路上进行比较而进行测量，因此准确度比较高。

8.3.1　交流电桥的原理

交流电桥的原理电路图如图8-10所示。在交流电桥中，四个桥臂一般是由阻抗元件组成的，它可以是电感、电容或电阻。被测对象为电桥的一臂。在电桥的一条对角线上（ab）接交流电源，另一条对角线（cd）上接交流指零仪。调节各桥臂参数，当指零仪读数为0时，c、d两点的电位相等，电桥达到平衡，这时满足以下关系式：

$$Z_1Z_3 = Z_2Z_4 \tag{8-3}$$

式（8-3）是交流电桥的平衡条件。它说明：当交流电桥平衡时，相对桥臂阻抗的乘积相等。

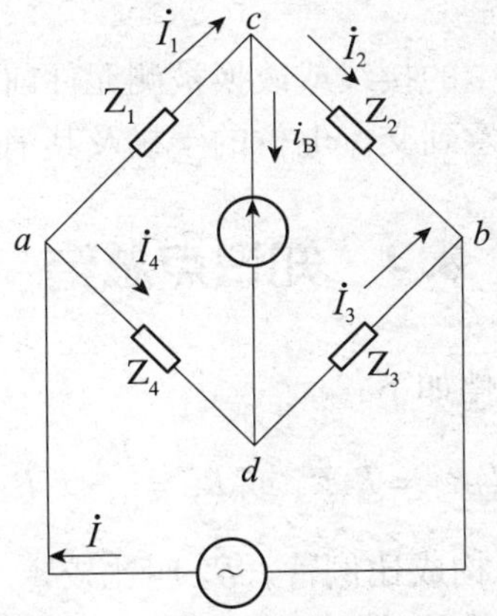

图8-10　交流电桥的原理电路图

8.3.2　交流电桥的平衡调节

根据交流电桥的基本原理，各桥臂的参量中至少要有两个可调，只有当两参量同时满足平衡条件时，交流指零仪才能指零。在实际中，并不是两参量同时调整，而是先调整其中一个，使指示值达到尽可能小，然后再调整另一个，使指零仪再次减小。经过反复调节，使指零仪指零（或某一无法再小的值）。因此，交流电桥的平衡是逐次逼近的，为了使调整方便、迅速，并保证结果有足够的精度，常使用下列调节方法：

①根据实验条件选定可调参数，将反映被测量 C_x（或 L_x）的作为主可调参数，反映元件损耗 Q［或tan（δ_x）］的作为次可调参数。

②根据待测元件的估测值，将各臂参量预置于某一数值。作为主可调的标准件，在最大读数盘置一合适值：若次可调元件所在桥臂连接方式是串联，可置零值；若是并联，则可置最大值。然后根据 C_x（或 L_x）的测定公式，由被测量的估计值和主调参数的数量级初步确定其比值（或乘积值）后，再取合适值。

③分步调节主可调参数和次可调参数，反复多次。调整开始时，电源电压应较小，指零仪量程应足够大，在电桥趋于平衡的过程中，逐渐提高电压，减小指零仪量程，直至可调参数的改变不能使指零仪示数减小为止。

注意：*在分步调节主可调参数和次可调参数的过程中，提高电压时应注意各桥臂的额定功率。*

8.3.3 使用交流电桥的注意事项

使用交流电桥的注意事项如下：

①在选择交流电桥的电源时，应严格遵照电桥说明书中对于电源电压的数值、频率和波形的要求。

②在测量时，各种仪器设备应该合理布置，以便尽可能消除磁场对电桥平衡条件的影响。

③当交流电桥电路中有屏蔽时，必须严格遵照说明书的要求，把它们接到电路适当的点上，并加以接地。

④在每次变更交流电桥线路中的接线或改换被测元件前，都应断开交流电桥的电源。

⑤在使用交流电桥时，要注意到交流电桥的干扰及其消除措施。

8.4 知识点总结

（1）直流单臂电桥的平衡条件如下：

$$R_2R_4 = R_xR_3 \text{ 或 } R_x = \frac{R_2}{R_3} \times R_4$$

式中，R_x叫被测臂，R_2、R_3 构成比例臂，R_4 叫比较臂。

（2）直流单臂电桥的使用及维护涉及以下 7 个方面：① 电桥调试；② 估测被测电阻，选择比例臂；③接入被测电阻；④接通电路，调节电桥比例臂并使之平衡；⑤计算电阻值；⑥关闭电桥；⑦电桥保养。

（3）直流双臂电桥是专门用来精密测量 1 Ω 以下小电阻的仪器，它的平衡条件如下：

$$R_x = \frac{R_2}{R_3} \times R_4$$

（4）直流双臂电桥的使用及维护，与直流单臂电桥的使用及维护基本一致。

（5）交流电桥用来测量交流等效电阻 、电感和电容等参数，它是将被测对象和标准量（标准电感、标准电容）在电桥线路上进行比较的比较式测量仪器，准确性高。

（6）交流电桥的平衡调节和使用注意事项。

8.5　实训与练习

8.5.1　实训：直流单臂电桥和直流双臂电桥的使用

1. 目的

（1）熟悉直流单、双臂电桥的结构、工作原理和使用方法。

（2）掌握用直流单、双臂电桥测量低、中值电阻的方法。

2. 材料设备

（1）直流单臂电桥一台。

（2）直流双臂电桥一台。

（3）被测电阻元件若干。

（4）直流稳压电源一台。

3. 实训内容

（1）用直流单臂电桥测量三个中值电阻的阻值。

（2）用直流双臂电桥测量一个小电阻的阻值和变压器绕组的电阻值。

（3）对直流双臂电桥在使用时由电位接头和电流接头接错引起的测量误差进行分析。

4. 实训步骤

（1）根据直流单臂电桥面板各旋钮布置，了解各旋钮的功能。

（2）用万用表估测三个被测电阻的电阻值（或检查电阻标称值）后，用直流单臂电桥测量其电阻，并将测量结果填入表8-1中。

（3）根据直流双臂电桥面板布置，了解电桥各旋钮的功能，然后用直流双臂电桥测量其电阻，并将两次测量值填入表8-1中。

表8-1　测量数据记录

测量对象	R_1	R_2	R_3	备注
万用表测量值				
直流单臂电桥测量值				
直流双臂电桥测量值				
比较结果				

5. 结论分析

比较、分析不同仪器的测量结果有何不同，并说明其原因。

8.5.2　练习题

1. 填空题

（1）电桥是一种__________式仪表，它是用__________很高的元件作为标准量，然后用________的方法去测量电阻、电感、电容等电路参数的。

（2）电桥的种类很多，可分为________和________两种。直流电桥又分为________和________两种。

（3）直流单臂电桥又称为________电桥，它是一种专门用来测量________的______仪器。

（4）直流单臂电桥的比较臂 R_4 由 4 个可调标准电阻组成，它们分别由面板上的 4 个读数盘控制，可得到从__________范围内的任意电阻值，最小步进值为________。

（5）用直流单臂电桥测电阻值，选择适当的比例臂，使比例臂的四挡电阻都________，以获得____有效数字的读数，估测电阻值为几十欧时，比例臂选______挡。

（6）直流双臂电桥又称________，它能够消除_______和_________对__________的影响。

（7）直流双臂电桥是专门用来________________________的仪器。

（8）用直流双臂电桥测电阻值时，要注意电位端钮总是在电流端钮的__________，且两电位端钮之间的电阻就是________。

（9）直流双臂电桥工作时电流较__________，故测量时动作要____________。

（10）用电桥测量电阻时，均不许________________，测量时必须将被测电阻与其他所有接线__________，单独测量。

（11）应采用__________的导线连接，接线间不得绞合，并将接头拧紧。

（12）交流电桥在生产实际中应用极为广泛，主要用来测量__________、__________和__________等参数，准确度比较高。在每次变更交流电桥线路中的接线或改换被测元件前，都应断开________。

2. 判断题

（　　）（1）用直流单臂电桥测量预估阻值为几十欧姆的电阻时，应选用×0.01 的比较臂。

（　　）（2）测量 1 Ω 以下的小电阻宜采用直流双臂电桥。

（　　）（3）用直流双臂电桥测量小电阻时，可同时按下“电源”按钮和“检流计”按钮。

（　　）（4）直流双臂电桥可以较好地消除接触电阻和接地电阻的影响。

（　　）（5）直流双臂电桥一般使用较大的低压电源。

3. 选择题

（1）欲精确测量一个中值电阻的阻值，应选用____________。

A. 万用表　　B. 兆欧表

C. 单臂电桥　　D. 双臂电桥

（2）用直流单臂电桥测量电感线圈的直流电阻时，应__________。

A. 先按下电源按钮，再按下检流计按钮

B. 先按下检流计按钮，再按下电源按钮

C. 同时按下电源按钮和检流计按钮

D. 随意按下电源按钮和检流计按钮

（3）用直流单臂电桥测量一个预估值为几欧姆的电阻，比例臂应选用______。

A. ×0.001　　B. ×1

C. ×10　　D. ×100

（4）用直流单臂电桥测量电阻时，若发现检流计指针向“+”方向偏转，则需________。

A. 增大比例臂电阻　　B. 减小比例臂电阻

C. 增大比较臂电阻　　　　　　D. 减小比较臂电阻

(5) 直流单臂电桥使用完毕，应该______。

A. 先将检流计锁扣锁上，再拆除被测电阻，最后切断电源

B. 先将检流计锁扣锁上，再切断电源，最后拆除被测电阻

C. 先切断电源，然后拆除被测电阻，再将检流计锁扣锁上

D. 先拆除被测电阻，再切断电源，最后将检流计锁扣锁上

(6) 用 QJ23 型单臂电桥测量一电阻，比例臂选择在 0.01 挡。电桥平衡后，比较臂的指示依次为：A、×1→2；B. ×10→4；C. ×100→0；D. ×1000→1，该电阻的阻值是____ Ω。

A. 1.402　　　　　　B. 10.42

C. 104.2　　　　　　D. 24.02

(7) 测量 1 Ω 以下的小电阻时，如果要求精度高，可选用________。

A. 单臂电桥　　　　　　B. 万用表×1 Ω 挡

C. 毫伏表　　　　　　D. 双臂电桥

(8) 用直流电桥测量电阻时，电桥和被测电阻的连接应用______。

A. 较粗的导线　　　　　　B. 较细的导线

C. 任意粗细的导线　　　　　　D. 较粗较短的导线

项目9 示波器

学习目标

（1）了解电子示波器。

（2）了解双踪示波器的组成及其作用。

（3）熟悉双踪示波器的面板控制按钮。

（4）掌握双踪示波器测量电压、周期和频率等参数的方法。

9.1 双踪示波器

能在同一屏幕上同时显示两个被测波形的示波器称为双踪示波器。要在一个示波器的屏幕上同时显示两个被测波形，通常需要用电子开关控制两个被测信号，不断交替地送入普通示波管中进行轮流显示。只要轮换的速度足够快，由于示波管的余晖效应和人眼的视觉残留作用，屏幕上就会同时显示出两个波形的图像。

双踪示波器的基本工作方框图如图9-1所示。它主要由示波管、Y轴偏转系统、X轴偏转系统、扫描及整步系统、电源、探头、校准信号发生器组成，各部分的作用见表9-1。

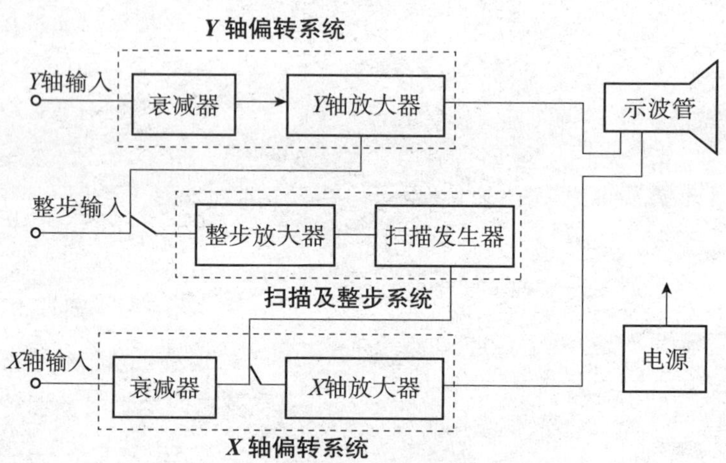

图9-1 双踪示波器的基本工作方框图

表9-1 双踪示波器各组成部分的作用

名称	组成及作用
示波管	它是示波器的核心，其作用是把所需观测的电信号变换成发光的图形
Y轴偏转系统	由衰减器和Y轴放大器组成，其作用是放大被测信号。衰减器先将不同的被测电压衰减成能被Y轴放大器接受的微小电压信号，再经Y轴放大器放大后提供给Y轴偏转板，以控制电子束在垂直方向的运动

续表

名称	组成及作用
X 轴偏转系统	由衰减器和 X 轴放大器组成，其作用是放大锯齿波扫描信号或外加电压信号。衰减器主要用来衰减由 X 轴输入的被测信号，衰减倍数由“X 轴衰减”开关进行控制。当此开关置于“扫描”位置时，由扫描发生器送来的扫描信号经 X 轴放大器放大后送到 X 轴偏转板，以控制电子束在水平方向的运动
扫描及整步系统	扫描及整步系统由整步放大器和扫描发生器组成。扫描发生器的作用是产生频率可调的锯齿波电压，作为 X 轴偏转板的扫描电压。整步系统的作用是引入一个幅度可调的电压，用来控制扫描电压与被测信号电压保持同步，使屏幕上显示出稳定的波形
电源	由变压器、整流及滤波等电路组成，作用是向整个示波器供电
探头	探头是使示波器与外部连接的一个输入电路部件，其作用是提高垂直通道的输入电阻，减小输入电容，还有分压作用。被测信号通过探头时有 10∶1 的衰减，从而能扩大量程，测量更高的电压
校准信号发生器	校准信号发生器用来产生频率为 1 kHz、幅度为 0.5 V_{p-p} 的标准方波电压，用来测量被测信号电压的幅度，或者用来校准扫描速度

9.2 双踪示波器的使用方法

双踪示波器的型号很多，如 CA8020、XC4320、YB4320 等，但使用方法大同小异。下面以 XC4320 型双踪示波器为例说明双踪示波器的使用方法。

9.2.1 XC4320 双踪示波器的面板说明

XC4320 双踪示波器的面板如图 9-2 所示，各部分控件的作用如下。

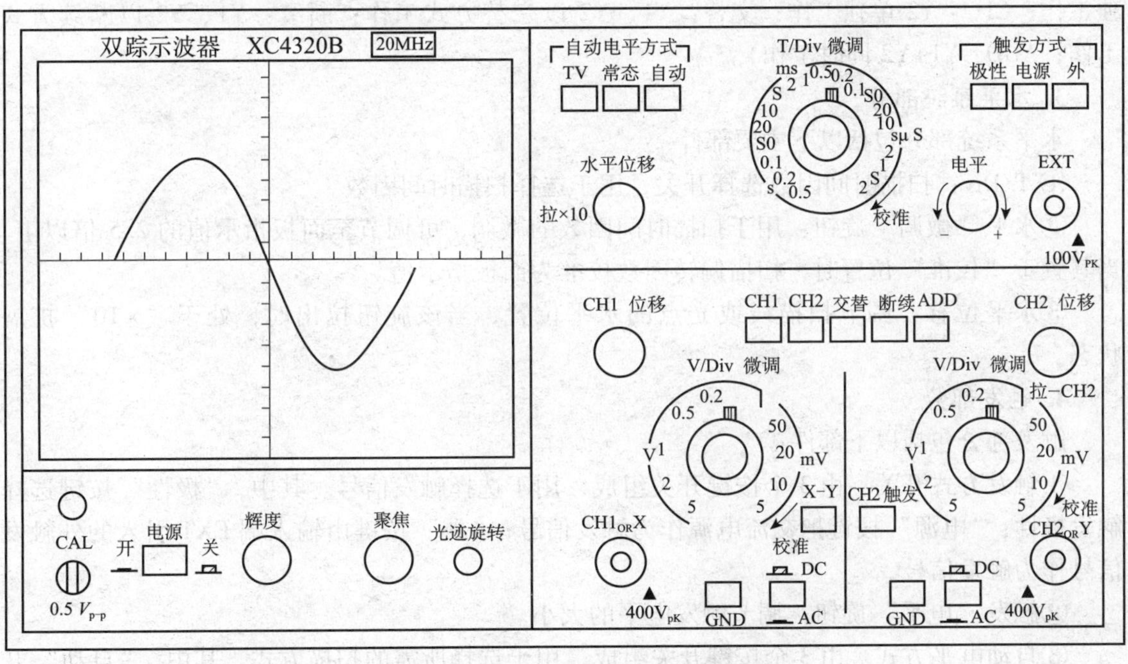

图 9-2 XC4320 双踪示波器的面板图

1. 电源部分

电源部分的主要部件如下：

①电源开关：示波器主电源开关，开关按下时，电源指示灯（CAL）亮，表示电源已接通。

②“辉度”旋钮：控制光点和扫描线亮度。

③“聚焦”旋钮：调整扫描线的清晰度。

④“光迹旋转”旋钮：用来调整水平扫描线，使之与水平刻度线平行。

2. 垂直系统部分

垂直系统部分的主要部件如下：

①$CH1_{OR}X$：Y1 的垂直输入端，在 $X-Y$ 平面工作时作为 X 轴输入端。

②$CH2_{OR}Y$：Y2 的垂直输入端，在 $X-Y$ 平面工作时作为 Y 轴输入端。

③耦合选择开关（AC-GND-DC）：AC 代表交流耦合，GND 代表放大器的输入端接地；DC 代表直流耦合。

④V/Div：衰减器开关，从 5 mV/Div ~ 5 V/Div 共分 10 挡，供选择垂直偏转因数。

注意：Div 表示分格的意思。如 V/Div 就是表示显示器屏幕上每一格对应的电压值，这样就能很方便地从屏幕波形所占的格数计算出波形的电压值。

⑤垂直“微调”旋钮：偏转因数微调，可调节至面板指示值的 2.5 倍以上，当其置于“校准”位置时，偏转因数校准为面板指示值；当其拉出时，放大器增益增大 5 倍。

⑥垂直位移：调节扫描线或光点的垂直位置。

⑦Y 轴工作方式：由 5 个按键开关组成，用于选择垂直系统的工作方式（CH1：Y1 单独工作；CH2：Y2 单独工作；交替：Y1、Y2 以交替方式工作；断续：Y1、Y2 以断续方式工作；ADD：Y1+Y2 同时工作）。

3. 水平系统部分

水平系统部分包括以下主要部件：

① T/Div：扫描时间因数选择开关，用于选择扫描时间因数。

②水平“微调”旋钮：用于扫描时间因数的微调，可调节至面板指示值的 2.5 倍以上，当其置于“校准”位置时，扫描偏转因数校准为面板指示值。

③水平位移：调节扫描线或光点的水平位置，当该旋钮拉出时，处于“×10”扩展状态。

4. 触发部分

触发部分包括以下部件：

①触发方式开关：由 3 个按键开关组成，用于选择触发信号。其中，“极性”按键选择触发极性；“电源”按键把交流电源作为触发信号；“外”按键由输入端 EXT 引入的外触发信号作为触发信号。

②触发“电平”旋钮：调节触发电平的大小。

③自动电平方式：由 3 个按键开关组成，用于选择所需的扫描方式。其中，“自动”开关的作用是：无论有无触发信号，扫描自动进行；“常态”开关的作用是：无触发信号时，扫描处于准备状态，没有扫描线；“TV”开关的作用是：扫描受电视信号控制。

5. 0.5 V_{p-p}

0.5 V_{p-p}的作用是：输出频率为 1 kHz 的校准电压信号（0.5 V_{p-p}的方波电压），供校准仪器用。

9.2.2　XC4320 双踪示波器的使用方法

1. 测量前的准备工作

①显示扫描线：将电源线插入交流电源插座之前，应按表 9-2 设置仪器的开关及控制旋钮。

表 9-2　各开关及旋钮的初始设置

名称	位置设置	名称	位置设置
电源开关	断开	触发源	CH1
辉度	相当于时钟"3"点位置	耦合选择	AC
Y 轴工作方式	CH1	电平	锁定（逆时针旋到底）
垂直位移	中间位置，推进去	释抑	常态（逆时针旋到底）
V/Div	10 mV/Div	T/Div	0.5 ms/Div
垂直微调	校准（顺时针旋到底），推入	水平微调	校准（顺时针旋到底），推入
AC-GND-DC	接地 GND	水平位移	中间位置

②打开电源：调节"辉度"和"聚焦"旋钮，使扫描基线清晰度较好。

③一般情况下，应将垂直"微调"旋钮和水平"微调"旋钮处于"校准"位置，以便读取 V/Div 和 T/Div 的数值。

④调节 CH1 垂直移位：使扫描基线设定在屏幕的中间，若此光迹在水平方向略微倾斜，则应调节"光迹旋转"旋钮，使光迹与水平刻度线相平行。

⑤校准探头：由探头输入方波校准信号到 CH1 输入端，将 0.5 V_{p-p}校准信号加到探头上。将"AC-GND-DC"开关置于"AC"位置，校准波形将显示在屏幕上。

2. 测量信号

测量信号的步骤如下：

（1）将被测信号输入到示波器通道输入端。注意事项如下：

①输入电压不可超过 400 V；

②使用探头测量大信号时，必须将探头衰减开关拨到"×10"位置，此时输入信号缩小到原值的 1/10，实际的 V/Div 值为显示值的 10 倍，如果 V/Div 置于 0.5 V/Div，那么实际值应等于 0.5 V/Div×10＝5 V/Div。

③测量低频小信号时，可将探头衰减开关拨到"×1"位置，如图 9-3 所示。

④如果要测量波形的快速上升时间或高频信号，必须将探头的接地线接在被测点附近，以减小波形的失真。

（2）按照被测信号参数的测量方法，选择各旋钮的位置，使信号正常显示在荧光屏上，记录测量的读数或波形。注意事项如下：

①测量时必须注意将 *Y* 轴偏转因数微调和 *X* 轴扫描"微调"旋钮旋至"校准"位置，

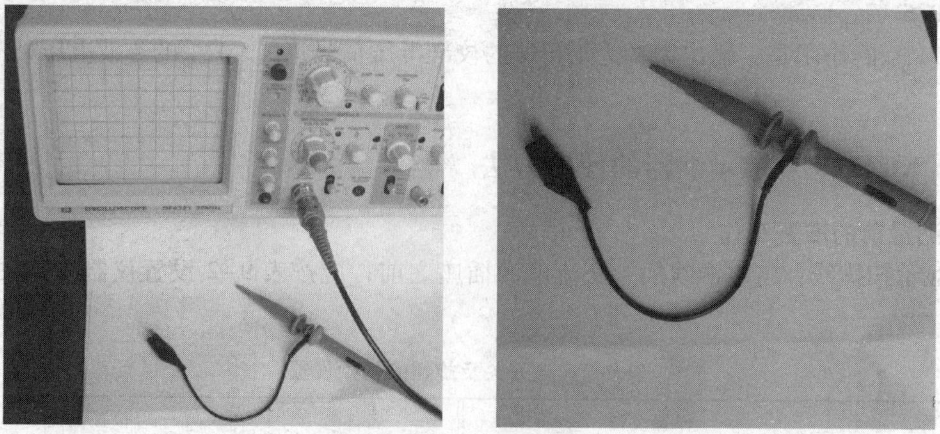

图9-3 探头的使用

因为只有在“校准”时才可按开关“V/Div”及“T/Div”的指示值计算所得测量结果。

②面板上标定的垂直偏转因数“V/Div”中的“V”是指“峰—峰”值。

（3）根据记下的读数进行分析、运算、处理，得到测量结果。

3. 使用示波器的注意事项

（1）使用前，必须检查电网电压是否与示波器要求的电源电压相一致。

（2）通电后需预热15 min，然后才能调整各旋钮。注意事项如下：

①亮度不可开得过大，且亮点不可长时间停留在一个位置上，以免缩短示波管的使用寿命。

②仪器短时间不用时，可将亮度关小，不必切断电源。

（3）信号引入线都需要使用屏蔽电缆。

（4）示波器的探头带有衰减器的，读数时须加以注意。

（5）各种型号示波器的探头要专用。

9.2.3 双踪示波器在电气测量中的应用

1. 电压的测量

利用示波器所做的任何测量，最终都归结为对电压的测量。示波器不仅可以测量直流电压、正弦电压、脉冲或非正弦电压的幅度，而且还可以测量各种电压的波形及相位。

1）交流电压的测量

①将Y轴输入耦合选择开关置于“AC”位置，显示出输入波形的交流成分，如果交流信号的频率很低，则应将Y轴输入耦合选择开关置于“DC”位置。

②将被测波形移至屏幕的中心位置，用“V/Div”开关将被测波形控制在屏幕有效工作范围内，按坐标分度尺的分度读取整个波形在Y轴方向的幅度数H，则被测电压的“峰—峰”值（V_{p-p}）就等于“V/Div”开关指示值与H的乘积。使用探头测量时，应把探头的衰减量计算在内，即把上述计算值乘以10。

［**例9-1**］ 如图9-4所示，示波器的Y轴偏转因数置于“1 V/Div”挡，被测波形在Y轴的幅度数H为6 Div，求该信号的“峰—峰”值、最大值及有效值。

解：该信号的“峰—峰”值为：

$$V_{p-p}=6\ \text{Div}\times 1\ \text{V/Div}=6(\text{V})$$

最大值为：

$$U_m=3\ \text{Div}\times 1\ \text{V/Div}=3(\text{V})$$

有效值为：

$$U=\frac{U_m}{\sqrt{2}}=\frac{3\ \text{V}}{\sqrt{2}}\approx 2.12\ \text{V}$$

如果测试时 Y 轴输入端采用了 10∶1 衰减的探头，则有效值为：

$$U=2.12\ \text{V}\times 10=21.2\ \text{V}$$

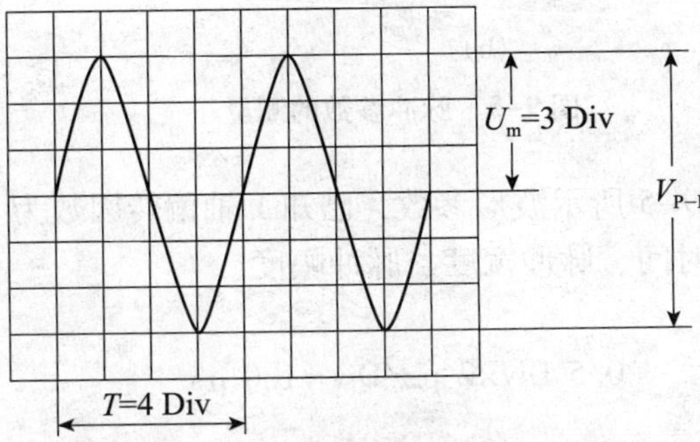

图 9-4 正弦电压的测量

2）直流电压的测量

①将 Y 轴输入耦合选择开关置于“GND”位置，触发方式开关置“自动”位置，使屏幕显示一水平扫描线，此扫描线便为零电平线。

②将 Y 轴输入耦合选择开关置“DC”位置，加入被测电压，此时扫描线在 Y 轴方向产生跳变位移 H，被测电压即为“V/Div”开关指示值与 H 的乘积。

③测量时，要先将示波器的 X 轴扫描“微调”旋钮转到“校准”位置，当显示的波形在水平方向分度所代表的时间接“T/Div”开关的指示值时才能直接用于计算，从而准确地求出被测信号。

2. 时间和周期的测量

示波器中的扫描发生器能产生与时间成线性关系的扫描线，因此可以用荧光屏的水平刻度来测量波形的时间参数，如周期性信号的重复周期、脉冲信号的宽度、时间间隔、上升时间（前沿）和下降时间（后沿）、两个信号的时间差等。

1）脉冲参数的测量

用双踪示波器测量脉冲参数时，由于其 Y 轴电路中有延迟电路，使用内触发方式能很方便地测出脉冲波形的上升沿和下降沿的时间。

如图 9-5（a）所示，测量上升沿时可调整脉冲幅度，使其占 0.5 Div 左右，并使 10% 和 90% 电平处于网格上，这样能很容易读出上升沿的时间。

测量脉冲宽度时，可将脉冲幅度调整到占 6 Div 左右，这时 50% 电平也恰好在网格线上，如图 9-5（b）所示。

测量脉冲幅度时，适当调整“V/Div”，使显示的波形较大，这样比较容易读出刻度值，如图 9-5（c）所示。

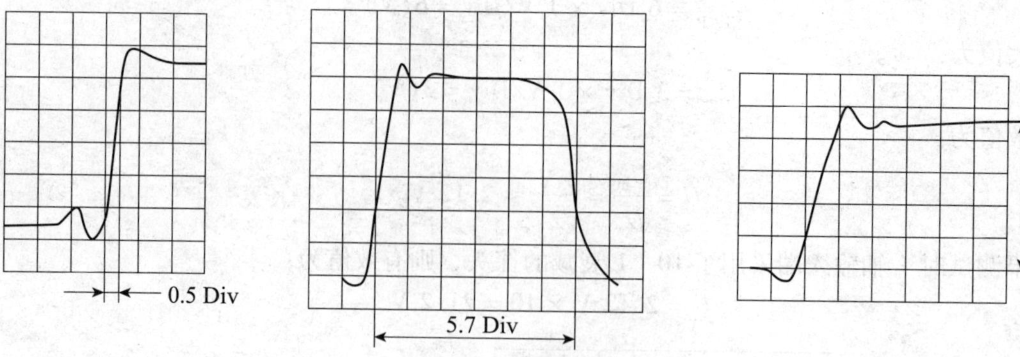

图 9-5　脉冲参数的测量

［例 9-2］ 若测量如图 9-5 所示波形参数，已知 Y 轴偏转因数为 1 V/Div，扫描偏转因数为 2 μs/Div，求脉冲上升时间、脉冲宽度、脉冲幅度。

解： 脉冲上升时间为：

$$0.5\ \text{Div}\times 2\ \mu\text{s/Div}=1.0\ \mu\text{s}$$

脉冲宽度为：

$$5.7\ \text{Div}\times 2\ \mu\text{s/Div}=11.4\ \mu\text{s}$$

脉冲幅度为：

$$4.5\ \text{Div}\times 1\ \text{V/Div}=4.5\ \text{V}$$

2）周期的测量

［例 9-3］ 如图 9-4 所示，已知扫描偏转因数为 1 μs/Div，求该正弦波的周期、频率。

解： 正弦波的周期为：

$$T = 4\ \text{Div} \times 1\ \mu\text{s/Div} = 4\ \mu\text{s}$$

由此可计算出该波形的频率：

$$f=\frac{1}{T}=\frac{1}{4\times 10^{-6}}=250\ 000\ (\text{Hz})=250\ (\text{kHz})$$

3）相位的测量

利用双踪示波器可以方便地测量两个同频率正弦交流电的相位，具体方法是：在 CH1、CH2 输入插孔分别输入两个正弦波电压，显示开关置于“交替”位置，调节“垂直移位”，使两个电压波形对称于水平中心轴，波形如图 9-6 所示。

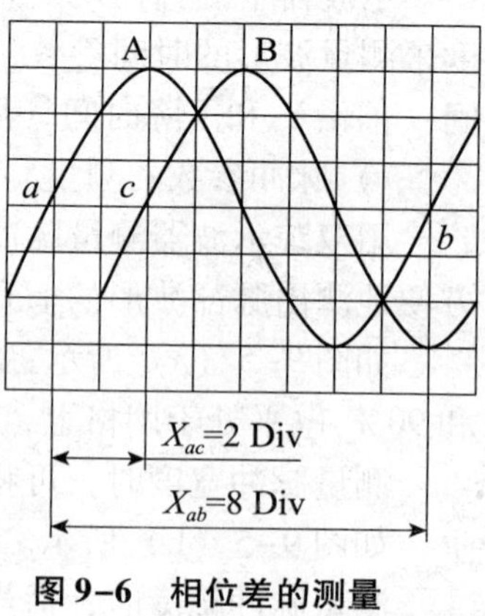

图 9-6　相位差的测量

［例 9-4］ 如图 9-6 所示，波形与中心轴交点 a、b 即为 A 电压的一个周期 T。a、c 之间则是两电压的相位差。试计算 A、B 电压的相位差。

解： 若相位差角度为 φ，则：

$$\varphi=(X_{ac}/X_{ab})\times 360°$$

由图9.6知：

$$X_{ac}=2\ \text{Div},\ X_{ab}=8\ \text{Div}$$

则

$$\varphi=(2/8)\times 360°=90°$$

从 $\varphi=90°$可以看出，A电压超前B电压90°。

9.3　知识点总结

（1）双踪示波器主要由示波管、Y轴偏转系统、X轴偏转系统、扫描及整步系统、电源、探头、校准信号发生器组成。各部件的作用如下：

① 示波管：把所需观测的电信号变换成发光的图形。

② Y轴偏转系统：由衰减器和Y轴放大器组成，其作用是放大被测信号。

③ X轴偏转系统：由衰减器和X轴放大器组成，其作用是放大锯齿波扫描信号或外加电压信号。

④扫描及整步系统：产生频率可调的锯齿波电压，作为X轴偏转板的扫描电压。

⑤校准信号发生器：产生频率为1 kHz、幅度为0.5 V_{p-p}的标准方波电压。

⑥探头：把示波器与外部连接的一个输入电路部件，用于提高垂直通道的输入电阻，减小输入电容，还有分压作用。

⑦电源：向整个示波器供电。

（2）双踪示波器面板控件的作用

①电源开关：示波器主电源开关。

②“辉度”旋钮：控制光点和扫描线亮度。

③“聚焦”旋钮：调整扫描线的清晰度。

④“光迹旋转”旋钮：用来调整水平扫描线，使之与水平刻度线平行。

⑤ $CH1_{OR}X$：Y1的垂直输入端。

⑥ $CH2_{OR}Y$：Y2的垂直输入端。在X-Y平面工作时作为Y轴输入端。

⑦耦合选择开关（AC-GND-DC）：AC——交流耦合；GND——放大器的输入端接地；DC——直流耦合。

⑧ V/Div：衰减器开关。

⑨ 垂直“微调”旋钮：偏转因数微调。

⑩ 垂直位移：调节扫描线或光点的垂直位置。

⑪ Y轴工作方式：由5个按键开关组成，用于选择垂直系统的工作方式。

⑫ T/Div：扫描时间因数选择开关，用于选择扫描时间因数。

⑬扫描“微调”旋钮：用于扫描时间因数的微调。

⑭水平位移：调节扫描线或光点的水平位置。

⑮触发方式开关：由3个按键开关组成，用于选择触发信号。

⑯触发“电平”旋钮：调节触发电平的大小。

⑰自动电平方式：由3个按键开关组成，用于选择所需的扫描方式。

（3）双踪示波器的使用方法

①显示扫描线。

②打开电源。

③将垂直“微调”和水平“微调”旋钮处于“校准”位置。

④调节 CH1 垂直移位。

⑤校准探头。

⑥将被测信号输入到示波器通道输入端。

⑦按照被测信号参数的测量方法，选择各旋钮的位置，使信号正常显示在荧光屏上，记录测量的读数或波形。

⑧根据记下的读数进行分析、运算、处理，得到测量结果。

（4）使用示波器的注意事项。

①使用前，必须检查电网电压是否与示波器要求的电源电压一致。

②通电后需预热 15 min，然后再调整各旋钮。调整时必须注意：亮度不可开得过大，且亮点不可长时间停留在一个位置上，以免缩短示波管的使用寿命；仪器短时间不用时，可将亮度关小，不必切断电源。

③通常，信号引入线都需要使用屏蔽电缆。

④有的示波器探头带有衰减器，读数时需加以注意。

⑤各种型号示波器的探头要专用。

9.4 实训与练习

9.3.1 实训：用示波器测量交流电

1. 目的

（1）熟悉双踪示波器的控制面板各个旋钮的作用。

（2）掌握用双踪示波器测量电路的参数的方法。

2. 材料器材

（1）双踪示波器 GOS-6021 型一台。

（2）函数信号发生器 YB1602 型一台。

（3）示波器专用连接线两根。

3. 内容及步骤

1）示波器的调整

（1）不接外信号，进入非 X-Y 方式。

（2）调整扫描信号的位置和清晰度。

（3）设置示波器的工作方式。

2）正弦波形的测量显示

（1）熟读示波器的使用说明，掌握示波器的性能及使用方法。

（2）把信号发生器输出接到示波器的 Y 轴输入上，接通“电源”开关，把示波器和信号发生器的各旋钮调到正常使用位置，使荧光屏上显示便于观测的稳定波形。

3）示波器的调试和波形电压、周期及频率的测量

（1）把 Y 轴偏转因数和扫描时间偏转因数旋钮都放在“校准”位置（指示灯“VAR”

熄灭）。

（2）把校准信号输出端接到 Y 轴输入端插座。

（3）把信号发生器的正弦电压接到 Y 轴输入端，用示波器测量正弦电压的幅值、周期及频率，并和信号发生器上显示的频率值进行比较。

（4）测量原理：$V_{p-p}=H\times$偏转因数；

$T=X\times$时基因数；

$f=1/T$。

【例9-5】幅值测量读数。

（1）已知：①偏转因数：1 V/Div，②“峰—峰”值垂直距离 H：4.02 Div，求：电压读数。

解：电压读数为：

$$V_{p-p}=4.02\ \text{Div}\times 1\ \text{V/Div}=4.02\ \text{V}$$

（2）已知：①扫描时间基因数：1 ms，②一个波长的水平距离 X：1.70 Div，求周期。

解：周期为：

$$T=1.70\ \text{Div}\times 1\ \text{ms}=1.70\ \text{ms}$$

9.3.2　练习题

1. 填空题

（1）电子示波器是一种能够直接显示＿＿＿＿＿＿＿＿＿＿的电子仪器。

（2）能在＿＿＿屏幕上同时显示＿＿个被测波形的示波器称为双踪示波器。

（3）双踪示波器主要由＿＿＿＿＿、＿＿＿＿＿、＿＿＿＿＿、＿＿＿＿＿、＿＿＿＿＿、＿＿＿＿＿组成。

（4）＿＿＿＿＿是示波器的核心，其作用是＿＿＿＿＿。Y 轴偏转系统由＿＿＿＿＿和＿＿＿＿＿组成，其作用是＿＿＿＿＿＿＿。X 轴偏转系统由＿＿＿＿＿＿和＿＿＿＿＿＿组成，其作用是＿＿＿＿＿＿＿＿＿＿＿＿＿＿。

（5）利用示波器所做的任何测量，最终都归结为对＿＿＿的测量。示波器不仅可以测量直流电压、正弦电压、脉冲或非正弦电压的幅度，而且还可以测量各种电压的波形以及相位。

（6）利用示波器测量交流电压时将 Y 轴输入耦合开关置于＿＿＿＿位置。如交流信号的频率很低，则应将 Y 轴输入耦合开关置于＿＿＿＿位置。

（7）利用示波器测量直流电压时，将 Y 轴输入耦合开关置于＿＿＿＿＿位置，触发方式开关置＿＿＿＿＿＿＿位置，使屏幕显示一水平扫描线，此扫描线便为＿＿＿＿＿＿。

（8）使用示波器前必须检查电网电压是否与＿＿＿＿＿＿＿＿＿＿相一致。电后需预热＿＿＿＿后再调整各旋钮。必须注意亮度不可＿＿＿＿＿，且亮点不可＿＿＿＿＿＿＿＿＿＿＿，以免缩短示波管的使用寿命。

（9）通常信号引入线都需使用＿＿＿＿＿，各种型号示波器的探头要＿＿＿＿。

2. 判断题

（　　）（1）示波器的核心是示波管。

（　　）（2）利用示波器所做的任何测量，最终都归结为对电流的测量。

(　　)(3) Y 轴偏转系统的作用是放大锯齿波扫描信号或外加电压信号。

(　　)(4) 使用前必须检查电网电压是否与示波器要求的电源电压相一致。

(　　)(5) 各种型号示波器的探头可以相互换用。

3. 选择题

(1) 示波器中，X 轴放大器主要用于放大__________。

A. 被测电压信号　　B. 正弦波扫面信号

C. 锯齿波扫面信号　　D. 矩形波扫描信号

(2) 如果示波器偏转板上不加电压，则会出现荧光屏________。

A. 满屏亮　　B. 中间一亮点

C. 上方一亮点　　D. 下方一亮点

(3) 使用示波器时，要使波形的垂直幅度大小适宜，应调节_______旋钮。

A. Y 轴增幅　　B. Y 轴衰减

C. X 轴增幅和 X 轴衰减　　D. Y 轴增幅和 Y 轴衰减

(4) 要使显示波形亮度适中，应调节________旋钮。

A. 聚焦　　B. 辉度

C. 辅助聚焦　　D. X 轴衰减

(5) 要使现实波形向上移动，应调节_______ 旋钮。

A. Y 轴移位　　B. Y 轴增幅

C. X 轴移位　　D. X 轴增幅

(6) 欲使荧光屏显示波形清晰，应调节_______旋钮。

A. X 轴移位和 X 轴衰减　　B. Y 轴移位和 Y 轴衰减

C. 聚焦和辅助聚焦　　D. 辉度和同步